Ondergronds

Will Hunt

Ondergronds

Een kleine geschiedenis van de verborgen werelden onder onze voeten

Vertaald door Roelof Posthuma

Ambo|Anthos
Amsterdam

MIX
Papier van
verantwoorde herkomst
FSC® C004472

ISBN 978 90 263 4959 1

Oorspronkelijke titel *Underground*
Oorspronkelijke uitgever Spiegel & Grau
Omslagontwerp bij Barbara
Omslagillustratie © World History Archive/Imageselect
Foto auteur © Brendan Hamlett

Verspreiding voor België:
Veen Bosch & Keuning uitgevers nv, Antwerpen

Voor mijn ouders,
die er altijd voor me zijn
aan de oppervlakte

'De natuur verbergt zich graag.'

Heraklites, *Fragmenten*

Inhoud

1

Afdaling

'Er is een andere wereld, maar die bevindt zich in deze.'

Paul Éluard

Ontdek de tekenen ervan, waar je ook gaat. Stap uit je voordeur en voel onder je voeten het dreunen en gonzen van metrotunnels en elektriciteitskabels, met mos begroeide waterlopen en pneumatische transportbuizen, die door en over elkaar lopen als de draden op een groot weefgetouw. Zie aan het einde van een rustige straat de stoom uit een ventilatierooster ontsnappen, misschien opstijgend uit een verborgen tunnel waarin paria's in haveloze hutten bivakkeren, of uit een geheime bunker met dikke betonnen muren waar de elite naartoe zal vluchten om aan het einde der tijden te ontsnappen. Laat op een lange wandeling door stille weiden je handen over een met gras begroeide heuvel gaan die misschien het graf van een oud stamhoofd bevat, of het begraven fossiel van een prehistorisch beest met een lange golvende ruggengraat. Volg een overschaduwd bospad waar je, met je oor tegen de aarde gedrukt, het geritsel hoort van mieren die een onderaardse metropool uitgraven, doorschoten met minuscule kronkelende verbindingen. Op trektocht in de heuvels ruik je het aardse aroma dat opstijgt uit een smalle spleet, het teken van een reusachtige verborgen grot waarvan de muren met prehistorische houtskooltekeningen zijn versierd. En waar je ook gaat, onder elke stap die je zet voel je een siddering opkomen van diep, diep onder de aarde, waar titanische steenformaties langs elkaar schuiven en schuren en de planeet laten beven en schokken.

Als het aardoppervlak doorzichtig zou zijn, zouden we dagenlang op onze buik liggen om naar binnen te kijken in dat wonderbaarlijke, gelaagde domein. Maar voor ons oppervlaktewezens, die ons leven in de zonbeschenen wereld leiden, is het ondergrondse altijd onzichtbaar geweest. Ons woord voor de onderwereld, *hel*, is afgeleid van de Proto-Indo-Europese woordstam *kel-* voor 'verbergen'; het oud-Griekse *Hades* is te vertalen als 'de ongeziene'. Tegenwoordig hebben we moderne apparatuur als grondradars en magnetometers die ons helpen de ondergrond zichtbaar te maken, maar zelfs de scherpste beelden blijven afstandelijk en vaag, zodat we zoals Dante in de diepten blijven turen: 'Donker en diep, waar dampen zich verspreiden/ zodat ik, ook al keek ik keer na keer/ tot op de bodem niets kon onderscheiden.' Met zijn duisternis is de ondergrond het meest abstracte landschap van onze planeet, altijd meer een metafoor dan een ruimte. Als we illegale economische activiteiten, een geheim feest of een onontdekte kunstenaar als 'ondergronds' beschrijven, hebben we het niet over een plaats maar over een *gevoel*. Iets wat verboden is, waarover niet gepraat wordt of wat zich anderszins aan het bekende en gewone onttrekt.

Als visuele schepselen – onze ogen zijn de 'grote monopolisten van onze zintuigen' schreef auteur en natuuronderzoeker Diane

Ackerman – vergeten we de ondergrond. Wij zijn verwaande oppervlaktewezens en onze meest gevierde onderzoekers gaan naar de verten en omhoog: we hebben op de maan rondgesprongen, verkenners naar de vulkanen van Mars gestuurd en elektromagnetische stormen in de buitenste regionen van het heelal in kaart gebracht. De binnenste regionen van onze aardse ruimte zijn echter nooit zo toegankelijk geweest. Geologen denken dat meer dan de helft van alle grotten nog onontdekt diep in de ondoordringbare aardkorst begraven ligt. De reis van waar we nu zitten naar het middelpunt van de aarde is te vergelijken met een tocht van New York naar Parijs, maar toch is de aardkern een onbekend terrein, een plaats waarvan we het bestaan op gezag aannemen. In het Kolaboorgat in het Russische noordpoolgebied zijn we het diepst in de ondergrond doorgedrongen, ruim twaalf kilometer, minder dan een half procent van de weg naar het middelpunt van de aarde. De ondergrond is ons spooklandschap dat zich overal onder onze voeten uitstrekt en altijd buiten het zicht blijft.

Maar als jonge jongen wist ik al dat de onderwereld niet altijd onzichtbaar was en dat die aan sommige mensen kon worden geopenbaard. In de oude uitgave van *D'Aulaires' Book of Greek Myths* van mijn ouders las ik over Odysseus, Herakles, Orpheus en andere helden die zich via onherbergzame doorgangen in de aarde waagden, de rivier de Styx met het veer van Charon overstaken, de driekoppige Cerberus te slim af waren en Hades, het land van de schaduwen, binnengingen. Degene die me het meest fascineerde was Hermes, de boodschappergod met zijn gevleugelde helm en sandalen. Hermes was de god van grenzen en drempels en de gids die de dode zielen naar Hades bracht. (Hij droeg de schitterende titel van *psychopompos*, wat 'zielenbegeleider' betekent.) Andere goden en stervelingen gehoorzaamden aan de kosmische grenzen, maar hij schoot vrijuit heen en weer tussen

licht en donker, boven en onder. Hermes, die de patroonheilige van mijn ondergrondse excursies zou worden, was de enige ware onderaardse verkenner die de duisternis met klaarheid en elegantie doorbrak, die de onderwereld zág en haar verborgen wijsheid weer aan het licht bracht.

In de zomer dat ik zestien werd en mijn wereld zo klein en bekend aanvoelde als mijn broekzak, ontdekte ik een verlaten treintunnel die onder mijn woonbuurt in Providence op Rhode Island door liep. Ik hoorde er voor het eerst over van een natuurkundeleraar op school, een kleine man met een borstelige snor die Otter heette en die alle verborgen krochten in alle regio's van New England kende. Hij vertelde me dat de tunnel ooit gediend had voor een kleine goederenspoorlijn, maar dat was jaren geleden. Nu was het een ruïne, vol modder, afval, bedompte lucht en wie weet wat nog meer.

Op een middag vond ik de ingang, verborgen onder struikgewas achter een tandartsenpraktijk. De ingang was overwoekerd door klimplanten en droeg het jaar van de bouw, 1908, dat in het beton boven de gapende opening was gebeiteld. De gemeente had de toegang met een metalen hek afgesloten, maar iemand had er een kleine doorgang in gemaakt. Samen met een paar vrienden drong ik in de ondergrond door, terwijl we met onze zaklampen kriskras door het duister schenen. De modder zoog zich vast aan onze schoenen en het rook er als in een moeras. Aan het plafond hingen groepjes parelende, tepelvormige stalactieten die waterdruppels op onze hoofden lieten vallen. Halverwege daagden we elkaar uit om onze zaklampen uit te doen. Mijn vrienden begonnen te schreeuwen om de echo uit te proberen toen de tunnel in volmaakte duisternis gedompeld werd, maar ik hield mijn adem in en bleef doodstil staan, alsof ik van de grond weg zou zweven zodra ik bewoog. Die avond haalde ik thuis een oude kaart van Providence tevoorschijn. Ik bewoog mijn vinger vanaf het punt waar we de tunnel binnen waren gegaan naar waar die aan de andere kant weer aan de oppervlakte kwam. Verbaasd knipperde ik met mijn ogen: hij liep vrijwel direct onder mijn huis door.

Op dagen dat mijn vrienden niet in de buurt waren, trok ik die zomer laarzen aan en ging in de tunnel ronddolen. Ik had niet kunnen zeggen wat me daar precies in aantrok, en ik ging al helemaal niet met een bepaald doel ondergronds. Ik bekeek de graffiti of schopte oude drankflessen door de tunnel. Soms deed ik mijn zaklamp uit om te zien hoelang ik het in het donker kon uithouden zonder dat mijn zenuwen begonnen op te spelen. Voor zover ik mezelf überhaupt kende als zestienjarige, voelde ik dat deze tochten tegen mijn aard indruisten: ik was een onzekere, broodmagere tiener met een fietsenrek en de bril van een bibliothecaris. Toen mijn vrienden naar de meisjes begonnen te kijken, had ik nog steeds een terrarium met boomkikkers op mijn slaapkamer staan. Ik las over de avonturen van anderen in boeken, zonder ooit op het idee te komen er zelf op uit te gaan. Maar er was iets met die tunnel wat me niet losliet: ik lag 's avonds in bed en stelde me voor hoe die onder de straat doorliep.

Aan het einde van die zomer was ik na een zware onweersbui net over de drempel van de onderaardse gang gestapt toen ik een onverwacht rommelend geluid uit de duisternis voor me hoorde komen. Geschrokken wilde ik al omkeren, maar ik besloot door te lopen, al werd het geluid steeds harder. Diep in de tunnel vond ik de bron ervan: een barst in het plafond, – misschien een gebroken leiding, of een lek – waardoor het water in stroompjes naar beneden kletterde. Recht onder het neerstortende water zag ik een omgekeerde plastic strandemmer. Daarna een verfemmer. Daarna, in één oogopslag, een enorme verzameling holle voorwerpen, van olievaten en bierblikjes tot tupperwarebakjes, gasflessen en koffieblikken. Ze vormden een reusachtige constellatie die onder mysterieuze omstandigheden was samengesteld door een persoon die ik nooit zou ontmoeten. Het water kletterde op de vaten die hun weergalmende lied uitzonden terwijl ik daar als aan de grond genageld in het donker stond.

Er gingen jaren voorbij en ik vergat die ondergrondse wandelingen. Ik verliet Providence, ging studeren, ging verder met mijn leven. Maar de oude band met de tunnel verdween nooit helemaal. Zoals een zaadje dat in stilte wortel schiet en verborgen in de aarde volgroeit voordat het boven het oppervlak uitloopt, lagen mijn herinneringen aan de tunnel jarenlang op de bodem van mijn bewustzijn te rusten en te rijpen. Pas heel veel later, na een aantal onverwachte kennismakingen met de ondergrondse wereld van New York City, doken mijn oude herinneringen aan de tunnel en het mysterieuze altaar van holle vaten weer op. Toen dat gebeurde, grepen ze me met een felheid die mijn hele verbeeldingswereld op zijn kop zette en de manier waarop ik mijzelf en mijn plaats in het bouwwerk van de wereld zag, fundamenteel veranderde.

Ik ging van de onderaardse wereld houden vanwege haar stilte en echo's. Ik vond het heerlijk dat zelfs de kleinste tocht door een tunnel of een grot voelde als een ontsnapping naar een parallelle realiteit, zoals de personages in kinderboeken via poorten naar geheime werelden verdwijnen. Ik hield van deze wereld die speelse Tom Sawyer-achtige avonturen bood maar je tegelijkertijd confronteerde met de meest eeuwige en elementaire angsten van de mensheid. Ik vond het heerlijk om verhalen over de onderaardse wereld te vertellen, over de restanten uit het verleden die onder de straten van de stad werden ontdekt of de rituelen die in de diepten van grotten werden gehouden, en ik genoot van de verwondering die ze in de ogen van mijn vrienden opriepen. Maar boven alles was ik gefascineerd door de dromers, visionairs en excentriekelingen die deze wereld aantrok: mensen die een soort sirenenzang hadden gehoord en zich volledig aan het onderaardse overgaven om die wereld te verkennen, er kunst te maken of er te bidden. Mensen die toegaven aan een obsessie op een manier die ik meende te begrijpen, of althans wilde begrijpen. In de onderaardse duisternis dacht ik misschien een geperverteerd soort van verlichting te kunnen vinden.

In de loop van de jaren lukte het me een onderzoeksinstelling, een aantal tijdschriften en een uitgever zover te krijgen om mijn onderzoek naar de ondergrondse wereld financieel te ondersteunen. Ik besteedde het geld, en daarna nog wat meer, aan het onderzoek van onderaardse ruimten in verschillende delen van de wereld. Meer dan tien jaar lang daalde ik af in stenen catacomben en verlaten metrostations, heilige grotten en atoombunkers. Het begon als een zoektocht om mijn eigen fascinatie te begrijpen, maar naarmate ik bij elke afdaling meer afgestemd raakte op de resonanties van het onderaardse landschap begon er een universeler verhaal te ontstaan. Ik begon in te zien dat wij, wij allemaal, het menselijke ras, altijd een stille aantrekkingskracht vanuit de ondergrond hebben gevoeld en dat we met die wereld even verbonden zijn als met onze eigen schaduw. Vanaf de tijd dat onze voorouders voor het eerst verhalen vertelden over de landschappen die zij bewoonden, hebben grotten en andere ruimten onder onze voeten ons angst ingeboezemd en ons betoverd, onze nachtmerries en fantasieën gevormd. Ik ontdekte dat de ondergrondse werelden als een verborgen rode draad door de geschiedenis lopen. Ze hebben op subtiele en fundamentele manieren ons denken over onszelf beïnvloed en ons mens-zijn vormgegeven.

Het ondergrondse ging langzaam, met kleine, versplinterende barstjes open, en toen plotseling helemaal, als een valluik onder mijn voeten. Het begon de eerste zomer dat ik in New York woon-

de, toen ik in Manhattan bij een tijdschrift werkte en in Brooklyn woonde, bij mijn tante en oom en mijn twee neven Russell en Gus. Nadat ik mezelf in mijn tienertijd jarenlang had voorgesteld dat ik als een toekomstige New Yorker die lange, opwindende nachtelijke wandelingen door Manhattan zou maken en elk verlicht raam van elk appartement in mij zou opnemen, was ik in een ondoordringbare stad terechtgekomen. Ik verdween in de massa, stamelde tegen barmannen en stapte bij de verkeerde metrohalte uit, waarna ik als een weggeblazen pluisje door Brooklyn dwaalde en me te zeer schaamde om de weg te vragen.

Laat op een avond, toen ik me bijzonder overrompeld voelde door de stad, wachtte ik in Lower Manhattan op de metro, op een van die diepe stations waar je op zomeravonden de granieten ondergrond van de stad bijna kan ruiken. Plotseling zag ik iets wat me met stomme verbazing vervulde. Uit het donker van de tunnel kwamen twee jongemannen tevoorschijn. Ze droegen mijnwerkerslampen en hun gezichten en handen waren zwart van het roet, alsof ze dagenlang door een diepe grot hadden geklommen. Ze liepen snel over het spoor, klommen recht voor me op het perron en verdwenen de trap op. Ik reed die avond met mijn voorhoofd tegen het raam van de metro gedrukt naar huis. Het glas besloeg terwijl ik me een groot verborgen netwerk van ruimten onder de straten voorstelde, als een honingraat.

De jongemannen met hun mijnwerkerslampen waren 'urban explorers', kortweg *urbexers*, lid van een los-vaste gemeenschap van New Yorkers die er hun hobby van hadden gemaakt om in verboden en onder het oppervlak van de stad weggemoffelde ruimten binnen te dringen. Het was een koninkrijk dat vele stammen kende: er zaten historici bij die de grandeur van vergeten locaties in de stad documenteerden, maar ook activisten die in verboden gebied doordrongen om de door de grote corporaties opgeslokte ruimte van New York symbolisch terug te eisen en weer anderen waren kunstenaars die verborgen installaties opbouwden en voorstellingen organiseerden in de donkere krochten van de stad. In die eerste weken dat ik mijn weg door de puzzel van New York probeerde te vinden bleef ik 's avonds vaak laat op om de door urbexers gemaakte foto's van verborgen plekken te bestuderen: metrostations die al decennialang leegstonden, diepgelegen pompstations van het waternetwerk, vervallen schuilkelders onder een dikke laag stof. Ze voelden stuk voor stuk zo exotisch en mysterieus aan als vergeten zeemonsters die door de diepten van de oceaan glijden.

Op een avond, toen ik weer door de foto's van een urbexer bladerde, vond ik tot mijn verbazing een afbeelding van de tunnel die ik als jongen in Providence had gekend. Ik had er al jaren niet meer aan gedacht, dat enkele spoortje dat het donker in liep, met '1908' boven de ingang. De intimiteit van deze toevallige vondst was bijna verontrustend, alsof iemand ergens in mijn bewustzijn een luik openzette en een reddingsvlot vol herinneringen naar de oppervlakte liet stijgen. De fotograaf was ene Steve Duncan, ontdekte ik, een energieke, briljante en mogelijk krankzinnige man die mijn eerste gids naar het ondergrondse zou worden.

We ontmoetten elkaar tijdens een voorbereidende oriëntatietocht naar de Bronx, waar Steve een excursie door een oud riool plande. Hij was zes of zeven jaar ouder dan ik, met zandkleurig haar en blauwe ogen en de slanke bouw van een bergbeklimmer. Hij was met zijn ondergrondse verkenningen begonnen tijdens zijn eerste jaar op Columbia University, waar hij heimelijke sluiptochten door het netwerk van stoomtunnels onder de campus maakte. Op een avond wrong hij zich door een ventilatieopening in een muur en kwam in een kamer vol beschimmelde wetenschappelijke instrumenten terecht. Het was de opslagruimte voor de vroegste incarnatie van wat uiteindelijk het Manhattanproject, de ontwikkeling van de atoombom, zou worden. De grote bolvormige groene machine in het midden van de kamer was de oorspronkelijke deeltjesversneller, een zeldzaam juweel van geschiedenis, net buiten het zicht verborgen.

Steve raakte zo gefascineerd dat hij onmiddellijk zijn major werktuigbouwkunde inwisselde voor stadsgeschiedenis. Als hij niet aan het studeren was, verkende hij treintunnels, ging vervolgens met lieslaarzen aan door de riolen waden en niet lang daarna klom hij naar de toppen van hangbruggen, waar hij op ijle hoogte spectaculaire, allesomvattende foto's van de stad maakte. In de loop van de jaren nam hij de gedaante aan van een guerrillahistoricus en -fotograaf, met een angstwekkend nauwkeurige kennis van de stedelijke infrastructuur. (De stedelijke milieudienst die de riolen van de stad beheerde, probeerde Steve nu en dan in te huren, ondanks zijn illegale onderzoeksmethoden.) Hij hield het midden tussen een nerd en een outlaw. Hij was mager, droeg de sporen van een spraakgebrek uit zijn jongenstijd, maar dronk als een tempelier, had de ondeugende grijns waar vrouwen gek op zijn en liep met een heroïsche tred. Als jongeman had hij een zeldzame vorm van botkanker in zijn been gekregen waaraan hij bijna was bezweken, een ervaring die alles wat hij deed met urgentie en levenswil leek te voeden. Hij kon een avond lang praten over de betekenis van de verschillende acroniemen op de deksels van mangaten in de stad, of uitweiden over de veranderingen in de stroomsnelheid van negentiende-eeuwse Europese rioolsystemen – en aan het eind van de avond in een cafégevecht verzeild raken.

Die middag zigzagden we tussen rioolroosters, schenen met onze zaklampen in het ondergrondse en volgden de route van de rioolpijp. Onder het lopen sprak Steve met een soort adorerende liefde over de legpuzzel van verborgen systemen in de stad. Hij zag New York als een reusachtig, veranderend organisme met tal van tentakels, waarvan de burgers aan de oppervlakte maar een glimp zagen. Het was zijn missie om mensen weer in contact te brengen met de verborgen aspecten van de wereld. Hij zou het liefst zien dat elk mangatdeksel in elke stad van glas was zodat iedereen op elk moment onder de grond kon kijken.

'De meeste mensen leven in een wereld met twee dimensies,' zei hij. 'Ze hebben geen idee wat er zich onder hen bevindt. Als je ziet wat er onder de grond is, begrijp je hoe de stad werkt. Maar het is nog meer dan dat: je ziet je eigen plek in de geschiedenis, hoe jij in deze wereld past.'

Steve was voor mij de belichaming van Hermes die een parallelle topografie kon zien. 'Ik geloof dat veel van wat ongezien is ook bestaat,' schreef Walt Whitman in *Leaves of Grass*. Steve zag het ongeziene, en ik wilde het ook zien.

Mijn eerste afdaling was een eenvoudige: een tocht door de West Side Tunnel, onder urbexers en graffitischrijvers bekend als de Freedom Tunnel, die zo'n vier kilometer onder Riverside Park doorloopt aan de Upper West Side van Manhattan.

Op een zomerochtend kroop ik door een opening in een gaashek bij 125th Street en liep via een grote ingang de tunnel binnen, die ongeveer zes meter hoog en tweemaal zo breed was. Het was er niet aardedonker, eerder schemerig. Op regelmatige afstand van elkaar zaten er rechthoekige ventilatieroosters in het plafond waardoor, als bij de ramen van een kathedraal, zwakke lichtbundels naar binnen vielen. Ik begon aan een stille wandeling dwars door Manhattan zonder een enkele levende ziel tegen te komen. Het was als een droom.

Ongeveer halverwege stuitte ik op een enorme muurschildering, meer dan dertig meter lang, vervaardigd door een kunste-

naar die Freedom heette, net als de tunnel. Ik stond voor de tegenoverliggende muur en bewonderde het schilderwerk dat leek te trillen in het licht. Er ging een zachte bries door de ruimte en ik kon in de verte het lawaai van de auto's op de West Side Highway horen, vermengd met vogelgeluiden uit het park.

Op dat moment zag ik verderop in de tunnel de reusachtige koplamp van een metro in mijn richting bewegen. Ineengedoken en met mijn rug tegen de muur gedrukt voelde ik een zwaar gedreun onder mijn voeten, plotseling gevolgd door een lichtflits, een stormwind en een geraas dat trillingen door mijn ribben joeg. Ik was geen moment echt in gevaar, met zo'n vierenhalve meter ruimte tussen mij en het spoor, maar terwijl ik daar gehurkt zat, beefde mijn hele lichaam en stonden mijn hersenen in vuur en vlam.

Toen ik die eerste middag uit de tunnel tevoorschijn kwam en vlak bij de Hudson over een hek klom, was mijn relatie met de stad al aan het veranderen. Boven de grond legde ik altijd dezelfde weg af, heen en weer tussen werk en woning, over een smal spoor van zintuiglijke ervaring; in de tunnel stapte ik uit die beperkingen en maakte op een nieuwe en diepgaande manier contact met de stad. Ik voelde me alsof ik wakker was geschud en voor het eerst oogcontact maakte met New York.

Ondergronds gaan en in het lichaam van de stad kruipen, werd mijn manier om mezelf te bewijzen dat ik in New York thuishoorde, dat ik de stad écht kende. Ik vond het leuk om mijn in Manhattan geboren en getogen vrienden te kunnen vertellen over onderaardse gewelven onder hun buurt, waar zij niets van wisten. Ik vond het prachtig om in de verzonken gangen daarbeneden weefsels van de stad te zien die voor de ogen van de mensen aan de oppervlakte onzichtbaar bleven: oude graffititags, scheuren in de funderingen van wolkenkrabbers, exotische schimmels die over de muren kropen, decennia oude kranten die in verborgen spleten waren gepropt. New York en ik deelden geheimen: ik rommelde in zijn verborgen laden en las zijn privécorrespondentie.

Op een avond zette Steve dicht bij de voormalige marinewerf Brooklyn Navy Yard oranje afzettingspylonen om een mangat heen en tilde met een metalen haak het deksel van de put, waaruit een dampwolk ontsnapte. We daalden de ladder af, stapje voor stapje op de slijmerige sporten, en sprongen in een verzamelriool van ongeveer vier meter hoog, met in het midden een kabbelende stroom groenig water. Het was er warm en zo vochtig dat mijn brillenglazen onmiddellijk besloegen. Ik aarzelde even vanwege de lange, slijmerige slierten bacteriën die van het plafond bungelden – liefkozend 'snotsicles' genoemd – maar het riool was minder weerzinwekkend dan ik had verwacht. Het rook er niet zozeer naar uitwerpselen, meer naar muffe grond, als in een oude boerenschuur vol mest. We lieten onze zaklampen over hopen leemachtig slijk gaan, als zandbanken in een rivier, waarop groepjes

witte paddenstoelen groeiden. Tijdens het trekseizoen zwommen er palingen in dit water.

In de groene stroom was ook Wallabout Creek opgenomen, vertelde Steve me, een oude waterweg die in de Wallabout Bay uitkwam, waar nu de Navy Yard ligt. De beek was te zien op een kaart uit 1766 maar toen de stad groeide en zich uitbreidde, werd het stroompje naar de ondergrond verbannen en verdween het uit het zicht.

Aan de oppervlakte kende ik New York als een bruut, zij het uitbundig beest, dat brommend en grommend stoom uitblies en massa's mensen uit zijn verschillende muilen braakte. Maar hierbeneden, met een van zijn oude waterstromen rustig kabbelend rond mijn voeten, voelde de stad sereen en zelfs kwetsbaar aan. Het was bijna beschamend intiem, een gevoel alsof je naar iemand keek die sliep.

Het was al drie uur in de ochtend geweest toen we de ladder weer op klommen en door het open mangat naar de verkwikkende frisse lucht terugkeerden. Op het moment dat we uit het gat kwamen, moest een jongeman op een fiets uitwijken om ons niet te raken. Hij trapte op zijn rem en draaide zich slippend om. 'Wie zijn jullie?' vroeg hij ademloos.

Steve rechtte zijn rug, zette zijn borst op alsof hij op een podium stond, gooide zijn hoofd achterover en declameerde regels uit het gedicht 'Een beek in de stad' van Robert Frost:

De beek werd neergesmeten,
diep in een rioolkerker onder steen
om in stinkend duister voort te leven –
en alles om niets wat ze ooit had gedaan
behalve misschien vergeten te vrezen.

Met elke ondergrondse tocht brak de stad een beetje meer open en onthulde weer een geheim, net genoeg om me nog verder de diepte in te trekken. Ik zat met een notitieboekje in de metro, keek uit het raam en noteerde de locaties van openingen in de muren

die mogelijk doorgangen waren naar verlaten perrons of 'spookstations' zoals de graffitischrijvers ze noemen. Ik volgde de routes van ondergrondse stromen en zocht naar plekken waar je je oor tegen een rooster kon houden om het water onder het oppervlak te horen kabbelen. Mijn kast hing vol met lieslaarzen en kleding die onder de modder zat, en ik had altijd een mijnwerkerslamp in mijn rugzak. Ook begon ik me steeds langzamer door de stad te verplaatsen, halt houdend om in ventilatieroosters van de metro, mangaten en bouwputten naar binnen te turen en te proberen de ingewanden van de stad te doorgronden. Mijn mentale kaart van New York begon op een koraalrif te lijken, wemelend van de verborgen spleten, kloven, geheime doorgangen en ongeziene uithoeken.

Een tijdlang bewoog ik me in een soort delirium door de stad, me voorstellend dat elk mangat, elke donkere trap en elk luik in de straat het portaal naar een andere onderlaag was. Ik ontdekte een bakstenen huis in Brooklyn Heights dat eruitzag als elk ander huis in de straat, behalve dat het een industriële stalen deur en geblindeerde ramen had. Het was een gecamoufleerde ventilatieschacht van de metro. In Jersey Street, in SoHo, vond ik een oud mangat dat toegang gaf tot een verouderde watertunnel die het Croton Aqueduct werd genoemd, waar vier mannen in 1842 een klein houten vaartuig, de Croton Maid, overheen loodsten voor een ondergrondse odyssee van bijna vijfenzestig kilometer in het pikkedonker, van de Catskills naar Manhattan. Onder de Atlantic Avenue in Brooklyn bezocht ik een treintunnel die in 1862 in onbruik was geraakt en door de stad was vergeten, totdat er in 1980 een negentienjarige buurtbewoner genaamd Bob Diamond door een mangat afdaalde en de reusachtige, weergalmende ruimte ontdekte. (De stad was korte tijd mateloos gefascineerd door de vondst en fotografen struikelden over elkaar heen om opnames te maken van de jonge

Bob die door de vergeten tunnel kroop.) Op een eiland in de Bronx sloot ik me aan bij een team van schatgravers op zoek naar het vermiste losgeld dat de man die de baby van Charles Lindbergh had gekidnapt hier begraven zou hebben. Ik onderzocht de geruchten over grafkamers die in het metrosysteem verborgen zouden zijn, waar de muren graffiti van een eeuw oud droegen: ruimten zo vergeten en onaangetast dat het zand als een waterval van het plafond naar beneden zou komen als je er je stem verhief. Ik ging op zoek naar een oud gebouw in Midtown waar naar verluidt een gat in de vloer van de kelder onder het souterrain zat, met daaronder een stromende rivier; naar men zegt zaten er overdag oude mannen rond het gat om op forel te vissen. Ik vertelde al die verhalen zó vaak dat mijn vrienden ze beu werden, net zoals ze begonnen te zuchten als ik op onze wandelingen door de stad te pas en te onpas begon te vertellen over wat er zich onder onze voeten bevond. Maar in die tijd kon ik mezelf niet beheersen.

Ik daalde af en nam risico's waar ik zelfs mezelf over verbaasde. 's Avonds laat stapte ik over het bordje met VERBODEN TOEGANG VOOR ONBEVOEGDEN aan het uiteinde van een metroperron, liep verder over het smalle looppad en sprong dan op de rails, waar het zo donker was als in een schoorsteen en op zomeravonden zo heet als in een fornuis. Eerst ging ik samen met mijn neef Russell. Terwijl we in looppas door het donker renden voelden we eerst een zwakke luchtstroom, daarna een subsonische trilling onder de voeten. 'Metro in aantocht,' fluisterden we. We hoorden de wissels op hun plaats schuiven en zagen dan het schijnsel van een enorme koplamp dat van om de bocht de tunnelmuur verlichtte. Snel klommen we op het looppad en drukten ons in de nis van een nooduitgang, terwijl de metro voorbijraasde en een windvlaag veroorzaakte die sterk genoeg was om je omver te blazen. Al snel begon ik in mijn eentje de tunnels in te gaan,

tochten die ik in een opwelling ondernam. Na een feest of een lange avond in de bibliotheek stond ik op het perron en zag de metro aankomen, maar besloot dan op het laatste moment om die voorbij te laten gaan en hem in het donker van de tunnel te volgen. Het ging soms maar net goed bij rakelingse passages waarin ik de blauwe vonken van de stalen wielen zag schieten en het geraas van de trein me tijdelijk doof maakte. Daarna liep ik 's avonds laat met mijn wangen onder het staalstof in een soort roes naar huis en voelde me binnen en buiten mezelf, alsof ik net uit een droom was ontwaakt.

Op een avond zag een treinconducteur me in de tunnel en werd ik op het perron door twee New Yorkse politieagenten opgewacht, twee jonge Dominicaanse mannen, de ene klein en dik, de andere lang en dun. Ze grepen mijn armen vast, duwden me tegen een muur en leegden mijn rugzak op de grond – waarna ze me uiteindelijk lieten gaan, ook al hadden ze reden genoeg om me te arresteren. Eenmaal weer op straat ging ik op een bankje zitten. Ik voelde me van streek en dwaas en besefte heel goed dat ik handboeien zou hebben om gekregen als ik geen witte man was geweest. Maar zelfs toen ik die avond naar huis liep, kon ik het niet nalaten om op straat te blijven staan en in ventilatieroosters en mangaten te turen.

In de donkerste onderlagen ontmoette ik de molmensen, dakloze mannen en vrouwen die in de verborgen hoeken en gaten van de stad woonden. Op een avond ontmoette ik samen met Steve, Russell en een paar andere urbexers een vrouw die Brooklyn heette, en die dertig jaar onder de grond had geleefd. Ze had een pokdalig gezicht, en een hoge berg dreadlocks op haar hoofd. Haar thuis, dat ze haar 'iglo' noemde, was een nis in de zijwand van de tunnel, voorzien van een matras en een paar krakkemikkige meubels. Het was haar verjaardag: we lieten een fles whiskey rondgaan terwijl ze een medley met nummers van Tina Turner en Michael Jackson ten gehore bracht. Het was even gezellig, maar toen liep het uit de hand. Brooklyns zang ging over in wartaal en ze begon dingen te zien die er niet waren. Haar partner, die op een of andere manier ook Brooklyn heette, kwam terug en de twee vlogen elkaar in het donker gillend en schreeuwend in de haren.

Na verloop van tijd sprak ik niet meer met vrienden of familie over mijn ondergrondse tochten omdat het moeilijker werd antwoord te geven op hun vraag wat ik daar beneden eigenlijk zocht.

'Ik ga je iets laten zien,' zei Steve op een avond, 'maar je moet me beloven er geen woord over te zeggen, tegen wie dan ook.'

Het was rond twee uur 's nachts toen we van een feest ergens in Brooklyn kwamen. Steve ging me voor naar een metrostation en daarna over het looppad, waar ik dicht achter hem bleef lopen – totdat hij plotseling in het donker verdween. Pas toen ik zijn stem hoorde, besefte ik dat hij een verborgen doorgang in de muur had genomen. Ik stapte er ook door en kwam in een donkere ruimte terecht. Het was een van die gewijde plekken van de New Yorkse ondergrondse wereld, een reusachtige, weergalmende kamer, slechts door een dun membraan gescheiden van het gewone leven, maar toch volkomen onzichtbaar.

Steve nam me mee naar het midden van de kamer en scheen op de vloer. Het was een rechthoekig patroon van keramische tegels, zo'n 2 bij 1 meter groot en bedekt met een laag stof die we in wolken van het oppervlak bliezen. Er kwam een weergave van de New Yorkse metroplattegrond tevoorschijn zoals die op elk station in de stad aan de muur hing, met de logge, beige silhouetten van Brooklyn en Manhattan en de metrolijnen die over de vaalblauwe East River kronkelden. Maar in plaats van de bekende oriëntatiepunten liet deze kaart alleen de onzichtbare plekken zien. De veteranen onder de New Yorkse urbexers, die de stad jarenlang van binnen verkenden, hadden op allerlei locaties op de plattegrond foto's bevestigd waarop riolen, aquaducten, spookstations of andere aan het oog van het publiek onttrokken plaatsen te zien waren. In het donker kroop ik rond de atlas van de onzichtbare stad, die zelf op een onzichtbare plaats was verborgen, om die nader te bestuderen. Ik was opgetogen: hier lag een soort heiligdom gewijd aan alles wat ik in jaren van verkenningen onder New York had gezocht. En toch voelde ik me tegelijkertijd wonderlijk vervreemd van die opwinding, alsof die uit een deel van mijn bewustzijn kwam dat me niet helemaal vertrouwd was.

Op dat moment, terwijl ik diep onder de stad in het stof stond, begon ik in te zien hoe weinig ik begreep van mijn band met het ondergrondse. En, in het verlengde daarvan, hoe weinig ik begreep van de relatie van de mensheid met dit landschap in ruimere zin, die teruggaat tot in de diepste nevelen van onze geschiedenis.

Op een trektocht door Toscane wandelde Leonardo da Vinci op zijn gemak over een paar grote rotsblokken en ontdekte de ingang van een grot. Hij bleef in de schaduw van de opening staan, voelde een koele bries op zijn gezicht, keek in het duistere gat en bevond zich in tweestrijd. 'Twee tegengestelde emoties kwamen in me op,' schreef hij later, 'angst en verlangen – angst voor de dreigende, donkere grot en het verlangen om te zien of er zich misschien wonderbaarlijke dingen in bevonden.'

Zolang de mensheid bestaat hebben we met grotten en ondergrondse ruimten geleefd en al even lang hebben ze intense en verwarrende gevoelens bij ons opgeroepen. Volgens evolutiepsychologen zijn onze meest archaïsche voorouderlijke relaties met landschappen nooit helemaal verdwenen, zijn ze vervlochten met ons zenuwstelsel en manifesteren ze zich in onbewuste instincten die ons gedrag nog steeds beïnvloeden.

De ecoloog Gordon Orians noemt deze blijvende oeroude impulsen 'evolutionaire spookbeelden van leefmilieus uit het verleden'. Op mijn tochten onder New York was ik elke keer dat ik in de gapende muil van een donkere tunnel of in het mangat van een riool keek onbewust bezig met spookimpulsen, geërfd van mijn verre voorouders, die lang geleden voor de ingangen van donkere grotten hurkten en besloten of ze al dan niet zouden afdalen.

Wij zijn vreemdelingen onder de grond. De natuurlijke selectie heeft ons op alle mogelijke manieren – van onze stofwisselingsbehoeften tot de complexe anatomie van onze ogen en de diepe, gelatineachtige structuren van ons brein – voorbestemd om aan de oppervlakte te blijven en niet ondergronds te gaan. De 'donkere zone' van een grot, de wetenschappelijke benaming voor het gedeelte voorbij de 'schemerzone' waar diffuus licht nog kan doordringen, is het spookhuis van de natuur, vergaarbak van al onze diepste angsten. Het is het domein van de slangen die vanaf het plafond naar beneden schieten, van spinnen zo groot als chihuahua's, schorpioenen met weerhaken aan hun stekel – de schepselen waarvoor wij een evolutionair ingebouwde angst hebben omdat ze zoveel van onze voorouders hebben gedood. Tot ongeveer vijftienduizend jaar geleden waren grotten over de hele wereld nog de verblijfplaatsen van holenberen, holenleeuwen en sabeltandtijgers. Dat wil zeggen dat we ons – op het laatste minieme ogenblik in het bestaan van onze soort na – elke keer dat we de opening van een grot aantroffen schrap zetten voor een mensetend monster dat uit de duisternis naar voren kon springen. Zelfs nu nog voelen we de dreiging van roofdieren in het donker opflakkeren als we onder de grond kijken.

Terwijl we ons evolutionair ontwikkelden voor het leven op de Afrikaanse savanne, waar we in het daglicht joegen en voedsel verzamelden en waar nachtelijke roofdieren ons bedreigden, heeft de duisternis ons altijd vrees ingeboezemd. Maar de onderaardse duisternis, de 'zichtloze wereld' zoals Dante het noemde, is sterk genoeg om ons hele zenuwstelsel te ontregelen. De eerste grotverkenners van het moderne Europa dachten dat een langdurig verblijf in de onderaardse duisternis hun psyche permanent kon aantasten, zoals een zeventiende-eeuwse auteur na de verkenning van een grot in het Engelse Somerset schreef: 'We begonnen bang te worden om [de grot] te bezoeken,' schreef hij, 'want hoewel we vrolijk en in goede stemming naar binnen gingen, konden we er misschien bedroefd en peinzend weer uitkomen, waarna niemand ons meer zou zien lachen gedurende ons leven in de wereld.' In sommige opzichten is dit ook waar gebleken, want neurowetenschappers hebben op tal van manieren aangetoond dat lange blootstelling aan absolute duisternis psychologische afwijkingen kan veroorzaken. In de jaren tachtig van de vorige eeuw kwam een speleoloog tijdens een expeditie in de Sarawak Kamer, een grot in het Nationale Park Mulu op Borneo, in een reusachtige onderaardse ruimte, een van de grootste ter wereld, waarin met gemak zeventien voetbalvelden passen. Hij verloor het contact met de rotswand en terwijl hij door de eindeloze duisternis doolde raakte de onderzoeker in een soort paralytische shock en moest hij door zijn collega's naar buiten worden gegidst. Speleologen spreken bij zulke door de duisternis opgeroepen paniekaanvallen van 'De Vervoering'.

Ook het gevoel opgesloten te zijn brengt ons van ons stuk. Opgesloten zitten in een onderaardse kamer, met beperkte bewegingsruimte voor de ledematen, zonder licht en met een afnemende zuurstofvoorraad is wellicht de moeder van alle nachtmerries. De Romeinse filosoof Seneca beschreef ooit een ploeg zilverzoekers die diep in de aarde doordrong, waar ze dingen meemaakten 'die hen van afschuw konden laten beven', waaronder de psychische druk van een enorme massa 'aarde die boven hun hoofden hing'. Het is een emotie die we ook aantreffen bij Edgar Allen Poe, de gelauwerde dichter van de claustrofobie. Over onderaardse opsluiting schreef hij: 'Geen gebeurtenis is zo afschuwelijk geëigend om de uiterste lichamelijke en mentale wanhoop te wekken... De onverdraaglijke druk op de longen, de verstikkende dampen uit de vochtige aarde, het kleven van het doodskleed, de rigide omhelzing van de kleine behuizing, de duisternis van de absolute Nacht, de stilte als een overrompelende zee...' In een willekeurige ondergrondse ruimte voelen we misschien niet de volle orkaan van de paniek, maar toch altijd, als in een reflex, een onbehaaglijke tinteling wanneer we ons voorstellen dat de plafonds en muren ons insluiten.

Uiteindelijk zijn we het bangst voor de dood: al onze afkeer van de donkere zone komt samen in de vrees voor onze eigen sterfelijkheid. Onze soort, homo sapiens, begroef zijn doden al vanaf minstens honderdduizend jaar geleden in de donkere zones van grotten, zoals vondsten in de grot van Qafzeh in Israël hebben aangetoond. En onze andere voorouders, de neanderthalers, deden het al lang voor die tijd. In de religieuze tradities van over de hele wereld komen de beschrijvingen van het dodenrijk overeen met de donkere zones van grotten, waar lichaamloze schaduwen door de grenzeloze duisternis zweven. Zelfs culturen die in landschappen zonder grotten leven en niet in contact komen met fysieke ondergrondse ruimten, zoals de volkeren in de Kalahariwoestijn of op de steppen van Siberië, kennen mythen over een verticale kosmos met een onderaards domein waarin het wemelt van de geesten. Elke keer dat we over de drempel van een grot stappen wekt dat in een reflex een voorgevoel van onze mogelijke dood op – wat betekent dat we precies met datgene in aanraking komen waarvoor de natuurlijke selectie ons heeft geprogrammeerd om het te ontlopen.

Maar toch blijven we aan de rand van die ondergrondse wereld hurken en dalen we erin af. Op die dag in Toscane daalde Da Vinci ook af in het duister. (Diep in de donkere zone ontdekte hij in de wand van de grot het fossiel van een walvis, wat hem de rest van zijn leven zou achtervolgen en inspireren.) Vrijwel elke toegankelijke grot op de planeet bevat de voetafdruk van onze voorouders. Archeologen zijn op hun buik door de modderige gangen van Franse grotten gekropen, hebben de lange onderaardse rivieren van Belize afgezwommen en trokken kilometers ver door de zandsteengrotten van Kentucky: overal troffen ze gefossiliseerde sporen van oude volkeren aan, die door rotsopeningen in de aarde afdaalden en zich een weg door het donker baanden met toortsen van naaldhout of olielampen. Daar troffen onze voorouders een onbekend domein aan, compleet afgescheiden van wat ze aan de oppervlakte kenden, een wereld donkerder dan de nacht, waarin echo's weerklonken en stalagmieten als monsterlijke tanden uit de bodem omhoogstaken. De tocht naar de donkere zone is misschien wel het oudste ononderbroken cultuurgedrag van de mensheid, waarvan het archeologisch bewijs aantoont dat het honderdduizenden jaren teruggaat, nog tot voor het bestaan van onze soort. Geen enkele traditie 'brengt ons als mensen meer samen dan de afdaling in de onderwereld', schrijft de mytholoog Evans Lansing Smith.

Toen ik dus mijn eigen obsessie met de ondergrond van New York begon te analyseren, besefte ik in aanraking te zijn gekomen met een veel groter, ouder en universeler mysterie. Ondanks de meest basale evolutionaire logica, ondanks elk direct onderaards gevaar, ondanks een keur aan ingebakken angsten die ons aansporen om in het licht te blijven en zélfs ondanks de instinctieve

associaties met onze eigen dood hebben wij diep in de kern van onze psyche een impuls die ons naar het duister trekt.

In de loop van de jaren heb ik jojoënd tussen New York en verre uithoeken van de wereld veel gereisd om alle sporen in onze warrige relatie met het onderaardse landschap te volgen. Van de bedompte gangen onder moderne steden ging ik naar oudere en ruigere ondergrondse ruimten, en ten slotte naar de prehistorische duisternis van natuurlijke grotten. Overal werd ik gegidst door een andere liefhebber van de ondergrondse wereld, een incarnatie van Hermes, die zo vertrouwd was met de onderwereld en zich vrijuit verplaatste tussen boven en beneden.

'In de kelder afdalen is dromen,' schreef de filosoof Gaston Bachelard in *La poétique de l'espace* (De poëzie van de ruimte). 'Het is jezelf verliezen in de verre gangen van een duistere etymologie, zoekend naar schatten die niet in woorden gevonden kunnen worden.' Door onze relatie met het ondergrondse na te gaan vanuit mythologie en geschiedenis, kunst en antropologie, biologie en neurowetenschap, ontdekte ik een symbool met een ontzagwekkende reikwijdte, een landschap even elementair voor de menselijke ervaring als water, lucht en vuur. We gaan ondergronds om te sterven, maar ook om herboren te worden, om uit de baarmoeder van de aarde te verschijnen; we vrezen het ondergrondse, maar tegelijkertijd is het ons eerste toevluchtsoord in tijden van gevaar; het bevat onbetaalbare schatten maar ook giftig afval; het ondergrondse is het domein van de verdrongen herinnering en de lumineuze openbaring. 'De metafoor van de onderwereld,' schreef David L. Pike in zijn boek *Metropolis on the Styx*, 'kan uitgebreid worden om het hele leven op aarde te omvatten.'

Je bewust worden van de ruimten onder onze voeten is voelen hoe de wereld zich ontvouwt. Door onze gedachten op de tunnels en de grotten in de fysieke ondergrond te richten, worden we ontvankelijk voor alle onzichtbare krachten die onze realiteit vormen. Onze connectie met het ondergrondse opent een deur naar de mysterieuze kamers van de menselijke verbeelding. We dalen af om te zien wat ongezien is, onzichtbaar – we gaan op zoek naar een vorm van verlichting die alleen in het duister gevonden kan worden.

2

De oversteek

'Ik stond nog niet lang voor mij uit te staren
Toen ik een aantal torens zag, leek mij;
Ik vroeg: "Is het een stad die wij ontwaren?"'

Dante, 'Hel', canto 31

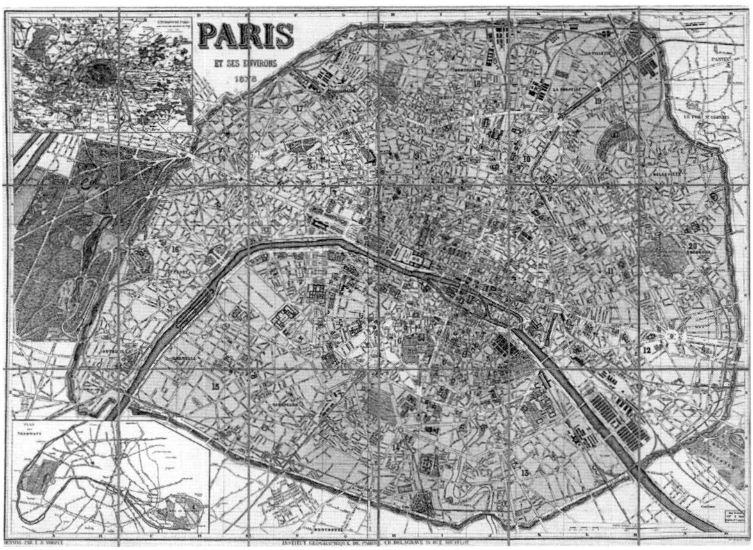

De eerste fotograaf van de Parijse ondergrondse wereld was Nadar, een galante en theatrale man met een rode lok. Charles Baudelaire beschreef hem ooit als 'het verbluffendste voorbeeld van vitaliteit' en hij behoorde in het midden van de negentiende eeuw tot de opvallendste en meest tot de verbeelding sprekende figuren van Parijs. Hij was een showman, een dandy en toonaangevend leider van de artistieke bohemiens, maar hij was vooral vermaard als de beste fotograaf van de stad. Nadar werkte vanuit een paleisachtige studio in het centrum van de stad en was een pionier van het medium, en ook een grote vernieuwer. In 1861 vond hij een op batterijen werkende booglamp uit, een van de eerste kunstlichttoepassingen in de geschiedenis van de fotografie. Om de kracht van zijn 'toverlantaarn' aan te tonen begon hij foto's te maken in de donkerste en meest obscure ruimten die hij kon vinden: de riolen en de catacomben onder de stad. In de loop van een aantal maanden nam hij honderden foto's in de onderaardse duisternis, die elk een belichtingstijd van achttien minuten vergden. De beelden waren een openbaring. Parijzenaars wisten al wel dat er een wirwar van tunnels, crypten en waterlopen onder hun straten lag, maar het waren altijd abstracte ruimten gebleven waar verhalen over rondgingen, maar die zelden door iemand gezien waren. Nadar bracht die wereld voor het eerst volop in beeld, wat het begin betekende van Parijs' relatie met zijn ondergrondse landschap, een band die in de loop van de tijd vreemder en obsessiever werd en waarschijnlijk intiemer dan in welke andere stad ter wereld ook.

Anderhalve eeuw na Nadar arriveerde ik in Parijs, samen met Steve Duncan en een kleine ploeg van urbexers, met als doel de relatie van de stad met zijn ondergrondse wereld te onderzoeken zoals nog niemand dat had gedaan. Wij wilden een oversteek maken van de ene kant van de stad naar de andere, uitsluitend gebruikmakend van de onderaardse infrastructuur. Het was een tocht die Steve in New York had uitgedacht en we hadden ons maandenlang voorbereid door oude stadsplattegronden te bestuderen, Parijse urbexers te raadplegen en potentiële routes in kaart te brengen. Het was in theorie een strak opgezette expeditie. We zouden afdalen in de catacomben net ten zuiden van de stadsgrens, dicht bij de Porte d'Orléans, en als alles volgens plan verliep zouden we bij place de Clichy, voorbij de noordelijke stadsgrens, weer uit de riolen opduiken. Hemelsbreed was het een route van bijna tien kilometer, een wandeling die je tussen het ontbijt en de lunch kon maken. Maar de ondergrondse route, de wormenroute zogezegd, zou een kronkelende, warrige omweg met veel zigzagbewegingen worden. We hadden ons voorbereid op een tocht van twee tot drie dagen, met ondergrondse overnachtingen.

Op een zachte juniavond zaten we met zijn zessen op de zuidelijke stadsgrens in een vervallen treintunnel die deel had uitgemaakt van de *petite ceinture*, een allang in onbruik geraakte spoorlijn die om Parijs liep. We hadden die dag besteed aan de inkoop van de laatste benodigdheden. Het was inmiddels over negenen en de lichtplekken aan de uiteinden van de tunnel begonnen zwakker te worden. Iedereen zweeg terwijl de lichtbundels van de mijnwerkerslampen op onze helmen nerveus over de grond dansten. We keken om beurten in een donker, met graffiti omzoomd gat dat met een drilboor in de muur was uitgehakt en ons toegang tot de catacomben zou verschaffen.

'Stop je paspoort in een zak met een rits,' zei Steve, met de duimen achter de bretels van zijn waadpak. 'Voor het geval dat.' Elke stap van de tocht zou uiteraard illegaal zijn en als we werden betrapt zou het feit dat we onze identiteitsbewijzen direct konden laten zien ons misschien buiten het Parijse gevang houden.

Moe Gates boog zich over een kaart die ons moest helpen de

weg te vinden in het uitgestrekte tunnellabyrint van de catacomben. De kleine bebaarde Moe met zijn rode hawaïhemd was al sinds jaar en dag Steves partner op diens verkenningstochten. Hij had door de riolen van Moskou gelopen, op de waterspuwers op het Chrysler Building in Manhattan gezeten en ooit seks gehad op de top van de Williamsburg Bridge in Brooklyn. Hij had willen stoppen met zijn ondergrondse avonturen om zich te settelen en 'kinderen te krijgen met een leuk Joods meisje', maar hij was de verslaving niet de baas geworden.

Liz Rush, de vriendin van Steve, een alerte vrouw met kastanjebruin haar tot net boven haar schouders, controleerde de batterijen van een gasdetector voor afgesloten ruimten die ons moest waarschuwen voor giftige dampen waar we mogelijk mee te maken kregen in de ongeventileerde tunnels. Liz had samen met Steve verkenningstochten onder New York gemaakt, maar dit was haar eerste tocht onder Parijs. Naast haar zaten nog twee beginnelingen in hun uitrusting te rommelen: Jazz Meyer, een jonge Australische vrouw met rode dreadlocks die de regenwaterafvoeren onder Melbourne en Brisbane had verkend, en Chris Moffett, een afgestudeerd filosoof uit New York die zijn eerste ondergrondse tocht zou gaan maken.

'Vijftig procent kans op neerslag,' zei Steve, die nog één keer op zijn telefoon keek voordat hij die uitzette. De grootste bedreiging voor onze tocht was regen, als we eenmaal in de verzamelriolen waren kon zelfs een kleine bovengrondse stortbui ondergronds een vloedgolf veroorzaken. Het was een natte junimaand geweest in Parijs en sinds onze aankomst in de stad hadden we het weerbericht obsessief gevolgd. Steve had Ian, een collega-urbexer in de stad, gevraagd om ons updates over het weer te sturen. Als groep zwoeren we plechtig dat we zouden stoppen zodra de eerste regendruppels vielen, expeditie voorbij.

We stonden om de ingang heen en Moe, die alles zou noteren en bijhouden, keek op zijn horloge en maakte een aantekening: 'Negen zesenveertig p.m., ondergronds.' Steve ging als eerste, wurmde zich lenig met zijn heupen door het gat en maakte schaarbewegingen naar achteren met zijn benen. De anderen volgden één voor één. Ik was de laatste en nadat ik naar beide kanten de lege spoortunnel in had gekeken haalde ik diep adem en dook onder in de duisternis.

De tunnel waarin we belandden was smal en laag, met muren van ruw, vochtig gesteente. Ik hing mijn rugzak voor mijn borst en kroop op handen en knieën verder, met mijn rug langs het rotsachtige plafond schurend. Koud water kabbelde rond mijn handen en knieën en doorweekte me tot op mijn huid. Het gesteente verspreidde een aardeachtige, bijna landelijke geur, als van regen doordrenkte kalk. De lichtbundels van de mijnwerkerslampen flitsten als een ontregelde stroboscoop heen en weer. Het gevoel van vertrek vanaf de oppervlakte was zo abrupt geweest, dat we net zo goed op de bodem van de oceaan hadden kunnen staan. Het claxonneren van de auto's op straat, het ratelen van de tram op Avenue du Général Leclerc, de mompelende stemmen van Parijzenaars die onder de luifels van brasserieën zaten te roken – het was allemaal verdwenen.

We gingen in noordelijke richting, met Steve voorop. Eerst door een bredere galerij waar we gehurkt door het water ploeterden, vervolgens door een overwelfde doorgang met een ondergrond van klei, tot we allemaal overeind kwamen en weer rechtop konden lopen: de eerste etappe van onze oversteek was begonnen.

Parijzenaars vergelijken hun stad met zijn universum aan perforaties wel met een groot stuk Zwitserse kaas, en zeggen dat die nergens zoveel gaten heeft als in de catacomben. Deze vormen een uitgestrekt stenen labyrint van zo'n 320 kilometer aan tunnels, vooral aan de linkeroever van de Seine. Sommige tunnels zijn overstroomd, half ingestort of bezaaid met zinkgaten, andere zijn afgewerkt met keurig gemetselde bakstenen, elegante gewelven en sierlijke wenteltrappen. De 'catas', zoals ze door de kenners worden genoemd, zijn technisch gesproken geen catacomben, een woord dat meestal wordt teruggeleid naar een samenstelling van het Griekse *katá-* (neer) en het Latijnse *tumbae* (graven); het zijn steengroeven. Alle statige gebouwen aan de Seine, zoals de Notre-Dame, het Louvre, het Palais Royal, werden gebouwd van blokken kalksteen die onder de stad werden uitgehouwen. De oudste tunnels zijn uitgehakt om de Romeinse stad Lutetia te bouwen, waarvan nog steeds sporen te vinden zijn in het Quartier Latin. Naarmate de stad groeide haalden steenhouwers in de loop van de eeuwen meer kalksteen naar de oppervlakte, waardoor het ondergrondse netwerk uitdijde en zich onder de stad verspreidde als de wortels van een grote boom.

In de jaren voordat Nadar zijn camera meenam onder Parijs, was het stil in de steengroeven. De enige regelmatige bezoekers waren een handjevol gemeentearbeiders, zoals de mannen van het ossuarium die beenderen op de vloeren van de catacomben bij elkaar harkten en de werknemers van de Inspection générale des carrières, die bij het licht van lantaarns door de stenen gangen liepen en de tunnels verstevigden om te voorkomen dat ze onder het gewicht van de stad zouden bezwijken – en ten slotte de incidentele paddenstoelenkweker die zijn voordeel deed met de droge, donkere omstandigheden daarbeneden. Voor de rest van de stad waren de steengroeven een blinde vlek: een afgelegen plek, meer een landschap van de verbeelding dan realiteit.

Vanaf het moment dat we ondergronds gingen, zoveel jaar na Nadar, konden we voelen dat het in de steengroeven wemelde van

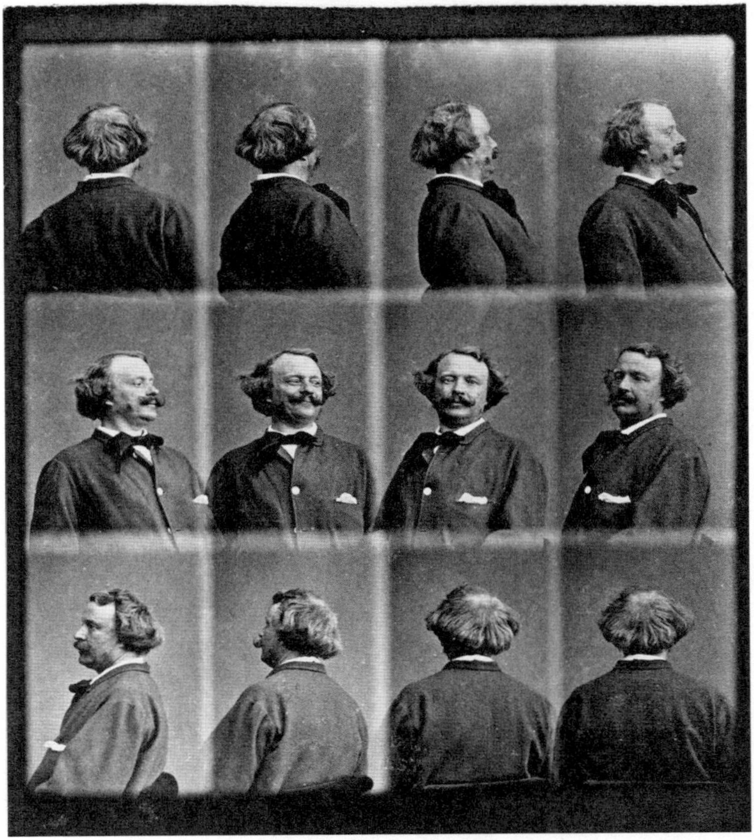

leven. De muren zaten onder de felgekleurde graffiti en de kleien ondergrond was in beide richtingen bezaaid met voetafdrukken. Als we bij ondiepe plassen kwamen, zagen we modder in het water zweven, een teken dat er recent iemand voorbij was gekomen. Het waren de sporen van de *cataphiles*, een los-vaste groep Parijzenaars die dagen en nachten in de catacomben ronddoolden. Deze onderstam uit het koninkrijk van de urbexers bestond grotendeels uit scholieren en studenten, tieners en twintigers, maar er waren ook vijftigers en zestigers bij die het netwerk decennialang hadden verkend en zelfs kinderen en kleinkinderen als cataphiles hadden grootgebracht. De stad had een speciale politie-eenheid voor de catacomben in dienst, de zogeheten *cataflics*, die in de tunnels patrouilleerden en boetes van vijfenzestig euro uitdeelden aan overtreders. Maar de cataphiles, die de tunnels als een enorm geheim clubhuis beschouwden, lieten zich daardoor echter absoluut niet afschrikken.

We waren ongeveer twee uur ondergronds toen Steve ons door een tunnel leidde die zo nauw en laag was dat we op onze buik moesten gaan liggen om ons met de ellebogen door de modder te wurmen. Nadat we er aan de andere kant weer uit waren gekomen zagen we drie mijnwerkerslampen in het donker op en neer deinen. Het waren drie jonge Parijzenaars, cataphiles, onder leiding van een lange, slanke twintiger met donker haar, die Benoit heette.

'Welkom op La Plage,' zei hij met een zwierig gebaar.

We waren in een van de belangrijkste onderkomens van de ca-

taphiles terechtgekomen, een grotkamer met een aangestampte vloer en een hoog plafond, ondersteund door dikke kalkstenen zuilen. Alle oppervlakken waren bedekt met schilderingen, elke vierkante centimeter van de muur en de zuilen en een groot deel van het rotsachtige plafond. In het donker waren de schilderingen vlak en grauw, maar in de lichtbundel van een lamp vlamden ze op. Het centrale werk was een replica van Hokusais *Grote golf van Kanagawa*, een sierlijke krul schuimend blauw en wit. Verspreid door de ruimte stonden uit steen gehouwen tafels en grof uitgehakte banken en stoelen. Het midden van de kamer werd in beslag genomen door een reusachtige sculptuur van een man met naar het plafond uitgestrekte armen die als een onderaardse Atlas de stad torste.

'Dit is zoiets als...' Benoit zweeg even, kennelijk op zoek naar een duidelijke vergelijking. '... het Times Square van de catacomben.'

In de weekends stroomden La Plage en andere grote kamers in de catacomben 's avonds vol met feestgangers, vertelde hij. Soms tapten ze elektriciteit af van een lantaarnpaal aan de oppervlakte en speelde er een band of een dj. Of een cataphile bond een gettoblaster op zijn borst en ging vervolgens door de tunnels dwalen, van kamer naar kamer, met de feestgangers achter zich aan, die in een soort onderaardse polonaise in het donker dansten en flessen sterkedrank doorgaven. Andere bijeenkomsten waren stijlvoller: je kon op feestdagen in zo'n donkere kamer ook een feestje bij kaarslicht aantreffen, met cataphiles die champagne dronken en *galette des rois* aten.

Cataphiles kwamen al sinds jaar en dag onder de grond samen om kunst te maken, te schilderen, te beeldhouwen en in verborgen kamers installaties te bouwen. Niet ver van La Plage was de Salon du Château, waar een cataphile een prachtige replica van een Normandisch kasteel uit steen had gehouwen en gargouilles aan de muren had bevestigd. Verder waren er de Salon des Miroirs, een kamer waarvan de muren als een discospiegelbol bedekt waren met een mozaïek van weerspiegelende scherven, en La Librairie, een kleine nis met uitgehouwen 'planken' waarop mensen boeken konden achterlaten voor anderen. (De boeken werden helaas vaak muf en schimmelig in de vochtige lucht.)

Een tocht door de catacombben geeft je het gevoel dat je rondloopt in een detectiveroman, vol valse muren, valluiken en geheime doorgangen die allemaal naar andere verborgen kamers leiden waar weer een nieuwe verrassing wacht. Aan het einde van de ene gang kun je een kamer vinden met een enorme Jeroen Bosch-achtige muurschildering die decennialang geleidelijk is aangevuld door cataphiles, in een andere kamer tref je de levensgrote sculptuur aan van een man die half uit de stenen muur steekt, alsof hij vanaf de andere kant naar binnen stapt, en in een derde ruimte kan je hele gevoel voor de werkelijkheid op de kop worden gezet. In 2004 brak een eenheid van cataflics door een valse muur en kwam in een grote, grotachtige ruimte. De agenten geloofden hun ogen niet. Het was een bioscoop. Een groep cataphiles had twintig zitplaatsen uit steen gehouwen en een groot scherm, een projector en minstens drie telefoonlijnen geïnstalleerd. Naast de bioscoopzaal bevonden zich een bar, lounge, atelier en kleine eetzaal. Drie dagen later, toen de politie terugkwam om de zaak te onderzoeken, was de hele installatie ontmanteld. De kamer was weer helemaal leeg, op een briefje na: 'Probeer ons niet te vinden.'

Of ze het wisten of niet, de cataphiles waren van essentieel belang voor onze oversteek. Onze kaart, ontworpen door hun stamoudsten, was het product van generaties kennis van de grotliefhebbers: er was op aangegeven welke doorgangen zo laag waren dat je er moest kruipen, welke onder water stonden en welke verborgen valkuilen hadden die voorzichtigheid geboden. (Om het

netwerk niet al te toegankelijk te maken hadden de oudsten alle ingangen op de kaart ongemarkeerd gelaten.) In de loop van de jaren hadden cataphiles boormachines en pneumatische hamers onder de grond meegenomen om kleine doorgangen in de muren te maken, *chatières*, 'kattengangen', die van cruciaal belang waren voor onze trektocht.

Benoit, die alleen een tasje met een flesje water en een extra zaklamp bij zich had, keek naar onze uitpuilende rugzakken. 'Hoelang willen jullie hier blijven?' vroeg hij.

'We trekken door de stad,' zei Steve. 'Naar de noordelijke stadsrand.'

Benoit keek hem even aan en begon te lachen voordat hij zich omdraaide en in het donker verdween, kennelijk in de veronderstelling dat Steve een grapje maakte.

We draaiden, kronkelden en kropen, verwrongen onze lichamen alsof we een uitgebreide onderaardse gymnastiekoefening deden. We persten ons door lange, nauwe passages en kwamen aan de andere kant in een wirwar van ledematen weer tevoorschijn, als pasgeboren veulens. We daalden af in kamers ter grootte van balzalen waar onze stemmen tegen het plafond weergalmden. De muren waren glibberig van het condensvocht en gaven damp af: het was alsof we door de complexe kronkels van hersenweefsel bewogen. We keken omhoog in meer dan twintig meter lange schachten van mangaten, die zo donker waren dat de bovenkant ervan niet te zien was. Bruine boomwortels kropen vanaf het plafond naar beneden als kleine, knoestige kroonluchters. De hoofdtunnels waren gemarkeerd met de vertrouwde blauwe, keramieken bewegwijzeringsbordjes van Parijs, die correspondeerden met de straten bovengronds. Het was het domein van de palimpsesten, met graffiti uit spuitbussen van de cataphiles over de rooksporen van toortsen van zeventiende-eeuwse mijnwerkers, die op hun beurt de fossielen van prehistorische zeedieren in de kalksteen hadden verdoezeld. Om de zoveel tijd passeerden we tunnels die naar weerszijden aftakten en ons eraan herinnerden hoe ingewikkeld onze route zou worden.

Chris, Liz en Jazz, de debutanten, liepen als in een droom. 'Ik kan niet geloven dat dit echt is,' fluisterde Jazz.

Op een bepaald moment scheen ik omhoog en zag een enorme zwarte breuklijn in het plafond. In de achttiende eeuw waren er instortingen geweest: gebouwen, koetsen en voetgangers werden door de aarde opgeslokt terwijl de onderaardse steenhouwers onder het puin bedolven werden. Tegenwoordig zijn de tunnels echter veilig en we waren niet bang om levend begraven te worden. De catacomben waren de minst gevaarlijke etappe van onze tocht.

Lang voordat Nadar in de onderbuik van Parijs begon rond te zwerven probeerde hij de wereld al vanuit onbekende perspectieven te fotograferen, allereerst vanuit de lucht. Samen met zijn goede vriend Jules Verne stichtte hij de Société d'encouragement de la locomotion aérienne au moyen d'appareils plus lourds que l'air (Genootschap ter bevordering van de voortbeweging door de lucht met machines zwaarder dan de lucht) en organiseerde in heel Europa spectaculaire vluchten met heteluchtballonnen. In 1858 stapte Nadar aan boord van een ballon en steeg boven Parijs op waar hij vanaf een hoogte van bijna tachtig meter 's werelds eerste luchtfoto maakte, een ietwat vage, zilvergrijze afbeelding van de stad. 'We hebben vogelperspectieven gezien, zoals imperfect door het geestesoog waargenomen,' schreef hij over de luchtreis. 'Nu zullen we niets anders zien dan de sporen van de natuur zelf, weergegeven op de gevoelige plaat.'

Zijn volgende stunt was dat hij de stad van onderen ging fotograferen. Het begon met de booglamp die hij in zijn studio had gebouwd. Een krachtige, zij het onhandige constructie: met een reeks van vijftig Bunsen-elementen zette hij twee koolstofstaven onder stroom, die vervolgens een wit licht uitstraalden. De lamp maakte het mogelijk om foto's te maken zonder natuurlijk zonlicht, een nieuw concept in het ontluikende medium van de fotografie. 's Avonds zette hij het gevaarte op het trottoir voor zijn studio en trok een menigte aan met het felle schijnsel. Nadar verkondigde dat hij de lamp zou gebruiken om met zijn camera beelden vast te leggen die alle andere fotografen ontgingen. 'De wereld onder de grond,' schreef hij, 'bood een oneindig gebied van activiteiten die niet minder interessant waren dan die aan de oppervlakte. Wij stapten erin om de mysteriën van de diepste, meest verborgen spelonken te onthullen.' Hij maakte zijn eerste onderaardse foto's in de ossuaria, die in navolging van de beroemde catacomben van Rome 'Les Catacombes' werden genoemd.

Toen we ongeveer zeven uur onderweg waren leidde Steve ons door een lange gang naar een kamer met keistenen muren. Iedereen liet de rugzak van hun schouders glijden en rustte uit op de vloer. Ondanks de natte voeten en een flinke hoeveelheid aangekoekte modder was het moreel hoog. Het duurde even voordat we de verdroogde, koperkleurige voorwerpen die over de grond verspreid lagen konden thuisbrengen.

Jazz pakte er een op en bestudeerde het, terwijl de dreadlocks op haar hoofd heen en weer deinden. 'Het is een rib,' zei ze, en ze liet het bot uit haar hand vallen.

We keken naar beneden en ontdekten dat we inderdaad over beenderen liepen: een scheenbeen, dijbeen, de kap van een schedel, allemaal gedroogd en glad, met de kleur van perkament. We gingen een hoek om en stonden aan de voet van een reusachtige berg, een wirwar van duizenden beenderen die via een stortkoker vanuit de bovenwereld naar beneden waren getuimeld. We bevonden ons in een ossuarium onder de Cimetière de Montparnasse.

Tegen het einde van de achttiende eeuw puilde Parijs uit van de lijken. De muren van de Cimetière des Saints-Innocents, de grootste begraafplaats van de stad, begaven het en de stoffelijke overschotten tuimelden in de kelders van naburige huizen. Om de verspreiding van ziektes te voorkomen besloot het stadsbestuur de doden naar de ondergrondse steengroeven te brengen die zich decennialang steeds verder onder de voeten van de Parijzenaars hadden uitgebreid. Als locatie werd een gebied van 1,2 hectare lege gangen aan de zuidkant van de stad gekozen, onder een straat met de naam Tombe-Issoire. Nadat een drietal priesters in de ondergrond was afgedaald om de tunnels officieel te wijden, begonnen de beenderen aan hun reis door de stad. Ze werden vervoerd in houten karren, afgedekt met zwarte doeken, en vervolgens in stortkokers in de straat gegooid. Al met al maakten de overblijfselen van zes miljoen doden de tocht naar de steengroeven. Er werden arbeiders de tunnels in gestuurd met de oeverloze taak de botten te sorteren en op te stapelen tot complexe bouwsels.

Met een team assistenten en twee mijnkarretjes die kraakten onder het gewicht van de camera-uitrusting daalde Nadar in december 1861 af in de gangen met hun wanden van beenderen. De galerijen waren in 1810 opengesteld geweest voor bezoekers, maar

werden al snel weer gesloten vanwege vandalisme. Toen Nadar arriveerde, waren de tunnels decennialang afgesloten geweest. In de 'molshopen' zoals hij ze noemde, trof de fotograaf een ploeg onderaardse arbeiders aan die tussen de beenderen zwoegden.

Zelfs in de gecontroleerde omgeving van een fotostudio was het maken van een foto in die tijd een complex proces; onder de grond, in aardedonkere galerijen was het vrijwel onmogelijk. De belemmeringen waren om gek van te worden: er werd in het donker geknoeid met het collodium, basis voor de lichtgevoelige laag op de plaat, de booglamp kwam vast te zitten in nauwe doorgangen, de batterijen stootten schadelijke dampen uit die in de afgesloten ruimten iedereen ziek maakten. Elke opname vergde een belichtingstijd van achttien minuten, zodat een hele dag werk maar weinig foto's opleverde. Een assistent gromde op zeker moment: 'We worden nog oud hierbeneden.' Maar Nadar werkte verwoed door. Hij gebruikte een houten kleedpop als model, uitgedost met een baard, hoed, laarzen, een gemeenteoverall en een schop of hooivork zoals die gebruikt werd om beenderen bij elkaar te harken.

De fotograaf maakte drieënzeventig foto's van de ossuaria, een unieke verstilde en surrealistische collectie. Er is een foto van een net bij elkaar geharkte berg beenderen, andere brengen de complexe bottenbouwsels in beeld, of de arbeiders (poppen) die de met botten gevulde wagens door de gangen duwen. Vanaf het moment dat ze in de Société française de photographie werden tentoongesteld, waren de beelden een sensatie. Recensenten schreven over Nadar als een mythische figuur die de kosmos van de stad doorkruiste. Een artikel in het *Journal des débats* noemde de fotograaf 'Beëlzebub', heer van de onderwereld, in een ander artikel werd hij een dodenbezweerder genoemd die 'de stoffelijke resten van vroegere generaties had geëlektrificeerd'. 'Hij en zijn assistenten,' schreef een journalist, 'die zich nu in de ingewanden van de argeloze aarde bevinden, zullen mensen in staat stellen vertrouwd te raken met scènes waarvan maar weinigen getuige zijn geweest.' In alle salons en cafés werd het glas op Nadar geheven en de stad raakte niet uitgepraat over de afbeeldingen van het onderaardse.

Maar er werd niet alleen over gepraat. De foto's maakten iets wakker in de Parijzenaars. Nu ze glimpen van de onderkant van de stad hadden gezien, wilden ze de tunnels zelf voelen en ruiken, en hun eigen voetstappen in het donker horen. Rond de tijd dat de foto's voor het eerst werden tentoongesteld gingen de catacomben weer open voor het publiek en al snel werden ze een van de belangrijkste attracties van de stad. Een paar keer per maand, en later vaker, liepen mannen met hogehoeden en dames in lange jurken in kleine, dicht op elkaar gepakte groepjes door de ossuaria om in de holle oogkassen van bruin geworden schedels te staren en de muren van opgestapelde scheenbeenderen in het kaarslicht te zien trillen. Ze huiverden van de onaardse akoestiek en de sensatie om onder de vochtige aarde te lopen. Aan het eind van de tocht trokken bezoekers stiekem schedels van de muren af, een gestolen souvenir uit de onderwereld. De catacomben werden zo populair dat Gustave Flaubert en de dagboekschrijvers Jules en Edmond de Goncourt zich tijdens hun bezoek in 1862 ergerden aan de massa's. 'Je moet het zien uit te houden met al die Parijse grappenmakers,' schreven de berucht venijnige gebroeders Goncourt, 'die op heuse pleziertrips ondergronds gaan en zich vermaken met beledigingen in het gezicht van het Niets te slingeren.'

Er was ook een toeloop van illegale bezoekers, proto-cataphiles, die de gedeelten buiten de officieel opengestelde route binnendrongen. Geliefden organiseerden ondergrondse rendezvous, tieners gingen op ontdekkingstocht. Net als hun opvolgers, de cataphiles, vele jaren later zouden doen, hield een groep Parijzenaars een clandestien concert in de catacomben. Honderd gasten verzamelden zich op de rue d'Enfer en glipten door de ingang nadat ze hun koetsen verderop in de straat hadden neergezet om geen argwaan te wekken. Twintig meter onder de stad zaten de gasten tussen de brandende kaarsen op menselijke schedels tegenover een orkest van vijfenveertig muzikanten. Op het programma van die avond stonden de 'Dodenmars' van Chopin en de *Danse macabre* van Saint-Saëns.

We sloegen ons kamp een uur noordelijker op, in een rechthoekige kamer die ergens in de negentiende eeuw was uitgehakt. Iedereen hing hangmatten op aan ijzeren ringen in de muren, terwijl Liz en ik spaghetti met tonijn klaarmaakten. We aten in stilte, blij en uitgeput. Het was alsof we op de maan kampeerden: geen geluiden hierbeneden, niets levends, alleen kilometers duisternis.

Even later maakten we aanstalten om te gaan slapen en Chris vroeg hoe laat het was. Moe merkte op dat we ons op een plek bevonden waar het volkomen donker was en exact 13,8 °C sinds de dag dat hij was gecreëerd, een ruimte waar geen enkel natuurlijk ritme vat op had. 'Het is kwart over nooit,' zei hij.

Toen ik wakker werd stond er een vrouw in de doorgang naar onze ruimte. Ze hield een antieke, gietijzeren lantaarn in haar hand, met een sissende, open vlam die een honingkleurig licht verspreidde. Ik zag hoe ze op haar tenen naar het midden van de kamer liep waar ze iets op de grond legde wat op een kleine ansichtkaart leek.

'*Bonjour*,' zei ik. Ze schrok ervan.

Misty was in de veertig en ze bezocht de steengroeve al sinds ze zestien was. Die avond had ze alleen door de tunnels gelopen, zonder plattegrond, viel me op.

'Het is soms fijn om gewoon hierbeneden te gaan wandelen,' zei ze met een zangerig accent. Haar laarzen zagen er vreemd genoeg smetteloos uit en haar grijze blouse leek net van de stomerij te komen. Ze liep in de steengroeve van kamer naar kamer en liet overal waar ze kwam een klein schilderijtje achter, als een boodschap voor andere cataphiles. De afbeelding die ze bij ons had neergelegd liet twee handen zien die een driehoek vormden.

Het was één uur 's nachts toen we het punt vonden waar we de catacomben konden verlaten, een chatière die nauwelijks breder was dan mijn schouders. We stonden in een uithoek van de steengroeve die zelden werd bezocht en waar het plafond was gestut met eeuwenoude houten balken die lang geleden door de Inspection générale des carrières waren aangebracht.

We waren nu zevenentwintig uur ondergronds. De opgedroogde modder zat tot in de huidplooien van mijn oren en rond mijn neusvleugels.

'Ik heb het gevoel dat ik in een holbewoner verander,' zei Liz, terwijl ze haar benen in de tunnel uitrekte.

'Ik haal steeds meer dingen uit mijn haar die ik niet herken,' zei Jazz, een van haar dreadlocks bestuderend. 'Ik geloof dat ik net beenmerg heb gevonden.'

Moe trok zijn sokken uit, haalde een klein flesje jodium tevoorschijn en begon de feloranje vloeistof op de nagelriemen rond zijn teennagels te smeren. Steve keek hem verbaasd aan.

'Dacht je soms dat ik mijn nijnagel níét zou steriliseren voordat we het riool in gaan?'

Om in het riool te komen moesten we eerst via een traject van servicetunnels onder de Seine door. Als de catacomben de kleine hersenen van de stad waren, vormde de betonnen tunnel waarin we uitkwamen een ader, een bescheiden verbinding tussen complexere organen. Onder het lopen werd duidelijk hoe dicht we onder het oppervlak zaten: vanaf de straat hoorden we de geluiden van pratende mensen, klikklakkende hoge hakken, een hond die blafte. Door een ventilatieopening in de muur zag ik een oranje gloed, de verlichting van de ondergrondse parkeergarage. Op mijn hurken keek ik naar een vrouw met donker haar die in haar auto stapte, achteruitreed en vertrok. Ik voelde me als een geest die de stad van de levenden in keek.

We konden geen directe verbinding naar de servicetunnel onder de Seine vinden en moesten dus wel even bovengronds komen, maar niet lang. Aan de voet van een ladder naar een mangat aan de oppervlakte bespraken we de bovengrondse choreografie op bezorgde fluistertoon.

'Ik geloof dat ik nerveuzer ben om betrapt te worden dan om te sterven,' fluisterde Moe.

'Geen zorgen,' zei Steve. 'Als ze ons in de gevangenis gooien, graven we gewoon een tunnel naar buiten.'

Chris' ogen stonden bezorgd.

We kwamen in de buurt van de Église Saint-Sulpice bovengronds, voor een winkel die luxe babykleding verkocht. Er was geen politie te bekennen en we zigzagden door lege stegen in de richting van de Seine. Aan het einde van een verlaten straat hurkte Steve en opende een put waardoor we allemaal weer ondergronds verdwenen. Toen ik me naar beneden liet zakken keek ik in de ogen van een keukenhulp die late dienst had en me met zout- en pepervaatjes in zijn handen verbijsterd aanstaarde.

De tunnel onder de Seine was vochtig en had een doffe onderwaterakoestiek. Zelfs hier vonden we de sporen van indringers: graffiti, een lege literfles Kronenbourg-bier. Tijdens de oversteek onder de rivier door stelde ik me een dwarsdoorsnede van de stad voor, met alle lagen boven elkaar. Boven ons het hoog oprijzende silhouet van de Notre-Dame, de bruggen, de rivier. Diep onder ons de tunnels van de metro die binnenkort zouden wemelen van de forenzen. En wij zaten in de middelste laag, zes kleine lichtkegeltjes die door het duister sneden.

De donkere en kronkelende riolen waren in de dagen vóór Nadar een bron van onstilbare angst voor de Parijzenaars. In Victor Hugo's *Les Misérables*, dat in de twee decennia voorafgaand aan de publicatie van Nadars foto's werd geschreven, waren de riolen het angstbeeld van een soort collectieve stedelijke nachtmerrie. De 'ingewanden van de leviathan', schreef Hugo, zijn 'kronkelig, met barsten, opgewoelde keistenen, geulen en vreemde bochten, zonder aanwijsbare reden rijzend en dalend, stinkend, woest, meedogenloos, verzonken in duisternis met littekens op de bestrating en gapende wonden in de muren, angstaanjagend'.

In de jaren vijftig van de negentiende eeuw werden de riolen compleet vernieuwd door Georges-Eugène Haussmann, de beroemde stadsplanoloog van Napoleon III. Hij haalde de oude ingewanden uit de straten en legde bijna zeshonderdvijftig kilometer nieuwe rioolleidingen aan. De ingenieurs installeerden elk pijpsegment met een verval van drie centimeter per meter, net genoeg om comfortabel door de tunnels te kunnen lopen en een gestage stroming te garanderen. Testen toonden aan dat een dierlijk karkas er achttien dagen over deed om de stad te doorkruisen, terwijl confetti dezelfde reis binnen zes uur maakte. Maar hoe er ook werd gerenoveerd, de afkeer van het publiek kon niet worden weggenomen. Behalve de rioolarbeiders, de '*égoutiers*', die het vuil dagelijks uit de pijpen poetsten, ging niemand vrijwillig de riolen in.

We waren misschien negentig seconden in het riool toen Steve ons vanaf de kop van onze optocht waarschuwde: 'Rat!'

Het grote grijze exemplaar zwom stroomopwaarts door het afvalwater om onze voeten. We sprongen allemaal op en drukten ons tegen de zijkant van de pijp terwijl het beest onder ons door schoot, met een V-vormig kielzog van zijn zwiepende staart achter zich aan.

Onze route naar het noorden liep door het verzamelriool onder boulevard de Sébastopol, een groot rond kanaal met bakstenen wanden, geflankeerd door twee dikke waterleidingen, één voor drinkwater en één voor niet drinkbaar water. Alle kleinere rioolleidingen mondden uit in het verzamelriool. In het midden lag een verdiept kanaal, een zogeheten *cunette*, een stroom van een meter twintig breed waar een wasem boven hing. In het water dreef van alles wat bovengronds was weggegooid. Eén minuutje 'Ik zie, ik zie wat jij niet ziet': een injectienaald, een dode vogel, een doorweekt metrokaartje, een verscheurde creditcard, een wijnetiket, een condoom, een koffiefilter, talloze proppen toiletpapier en drijvende drollen. 'Rioolvruchten,' zei Moe, urbexerjargon voor 'menselijke uitwerpselen'.

We stonden ons net voor te bereiden – Liz spoot desinfecterende spray op ieders handen en Moe zette zijn gasdetector aan – toen Steve onze aandacht vroeg.

Hij had een tekstbericht ontvangen van Ian, onze weerwachter in de bovenwereld.

REGEN VOORSPELD, MOGELIJK ONWEER,
LIJKT EROP DAT HET NAT GAAT WORDEN.

Steve ging het hele gezelschap langs en keek iedereen aan, maar niemand twijfelde. We zaten eenendertig uur onder de grond: we waren te ver gekomen om op te geven.

'We moeten gewoon heel goed opletten,' zei Steve. Zolang we het waterniveau in de cunette en het water uit de aanvoerpijpen goed in de gaten hielden, zei hij, was er niets aan de hand.

Weinig mensen op de planeet waren zo vertrouwd met alle gevaren van rioleringen als Steve, wat zowel geruststellend als verontrustend was, want hij kon in geuren en kleuren vertellen wat er met ons zou gebeuren als er een stevige stortbui kwam. Hij tekende met zijn vinger een kleine grafiek van de enorme snelheid waarmee het water zou stijgen op de slijmerige muur van het verzamelriool. 'Ik heb in de verzamelriolen van New York City, Londen en Moskou gelopen,' zei hij. 'Maar de vloed in Parijs is de hevigste die ik heb gezien. Voordat je het in de gaten hebt, staat het water tot je schenen, je knieën, je middel. Zodra we het water zien stijgen, rennen we als een gek naar de dichtstbijzijnde ladder.'

Niemand zei een woord toen we het verzamelriool in gingen. Ik liep zo'n beetje op mijn tenen. Het smalle looppad was glibberig en mijn schoenen hadden bijna geen grip. De lucht was er dik en bedompt als in een oerwoud, terwijl het overal om ons heen borrelde, gorgelde en rommelde: het geluid van de stofwisseling van Parijs. De stank was subtieler dan je zou verwachten – de geur van een koelkast die schoongemaakt moest worden – maar het was niettemin een lucht die aan je bleef hangen. Op de donkere kruispunten hingen kluwen van slijmerige leidingen en kleppen als in een stadsgezicht van Piranesi. Ik liep onder een installatie door die misschien vijf meter boven me hing en zag kleine stroken vies toiletpapier, het bewijs dat er niet lang daarvoor water door de pijp was gekomen.

Plotseling zond een golf water uit een aanvoerpijp echo's door het verzamelriool. We verstarden allemaal en keken met grote ogen om ons heen, op zoek naar de dichtstbijzijnde ladder.

'Niets aan de hand,' zei Steve. Iemand die vroeg was opgestaan had in het appartement boven ons de wc doorgetrokken. 'Alle geluiden worden hierbeneden versterkt,' ging hij verder. 'Zelfs wat licht gespetter klinkt hier als de Niagara.'

Kort na zijn bezoeken aan de catacomben begon Nadar de riolen te verkennen. Een paar weken lang trok hij door het spijsverteringssysteem van de stad, terwijl zijn assistenten zijn apparatuur over de smalle looppaden heen en weer zeulden. Vergeleken met de catacomben leverden de riolen veel meer logistieke moeilijkheden op. Hij was hier blootgesteld aan alle onvoorspelbare

gebeurtenissen aan de oppervlakte, elke regenbui en elke toiletspoeling, waardoor het veel moeilijker werd om de noodzakelijke achttien minuten van ononderbroken rust voor de belichting te vinden. Elke keer wanneer hij de sluiter van zijn camera opende, moesten hij en zijn mannen hopen en bidden dat niets de opname zou verstoren. 'Op het moment dat alle voorzorgsmaatregelen waren getroffen en alle belemmeringen waren weggenomen of overwonnen,' schreef Nadar later, 'net wanneer de beslissende handelingen zouden worden verricht, in de laatste seconden van de belichting, kon er een damp van het water opstijgen die de plaat wazig maakte – en hoe hebben we niet gevloekt op die *belle dame* of *bon monsieur* boven ons die zonder iets van onze aanwezigheid te vermoeden uitgerekend dat moment uitkoos om het badwater te verversen.'

Nadars foto's van de riolen onthulden de donkere pijpen met een romantische glans. Op sommige opnamen werd de pop met de baard in een werkhouding neergezet, nu in de overall van een égoutier. Andere beelden waren abstract en benadrukten de geometrische lijnen: een pijp die in twee kanalen werd gesplitst, of een golf rioolwater die in een spookachtige waas wegstroomde. Vanwege de dampen in de grote rioolbuizen vertoonde elke foto een zekere waas, alsof die door een sluier was genomen.

Journalisten en recensenten prezen de beelden weer de hemel in. Een krant portretteerde Nadar als een pionier die de gevaren en verraderlijkheden van de lang verdoemde onderaardse stadswildernis trotseerde om foto's te maken, hoewel hij 'half smoorde in de kwalijke dampen van de elektrische batterij in die verstikkende krochten'. De filosoof Walter Benjamin beschreef de foto's als 'de eerste keer dat de lens de taak heeft gekregen om ontdekkingen te doen'.

Overal in Parijs begonnen mensen deksels van mangaten te halen. Ze daalden 's avonds laat af, staken een kaars aan en gingen aan de wandel. Een verslag van een nachtelijke activiteit in *La vie parisienne* uit 1865 stelde de riolen als een nieuwe promenade voor. 'Men kan er alleraardigste ontmoetingen hebben. Ik ontmoette de mooie gravin De T., min of meer alleen, ik zag ook markies D., en kwam Mej. N. tegen, van het variététheater.' De dag zou komen, voorspelde de schrijver, dat de aantrekkingskracht van de riolen die van de groene parken in de stad zou overtreffen. 'Wanneer het mogelijk wordt om de riolen te paard te bezoeken, zal het Bois de Boulogne er ongetwijfeld verlaten bij liggen,' schreef hij.

Tijdens de Exposition Universelle, de Wereldtentoonstelling van 1867, stelde de stad de riolen open voor officiële rondleidingen, waar bezoekers uit heel Europa op afkwamen. Hoogwaardigheidsbekleders en prinsen van den bloede, diplomaten en ambassadeurs daalden een ijzeren wenteltrap bij place de la Concorde af en stapten in een vervoermiddel dat gewoonlijk door

de rioolarbeiders werd gebruikt om de pijpen te reinigen. 'Een kar met beklede zitplaatsen, op de hoeken verlicht met olielampen,' vertelde een bezoeker. Dames met hoedjes, hoge hakken en een kanten parapluutje in de hand gleden door de uitwerpselen van de stad. De rioolarbeiders speelden de rol van gondelier en trokken het gevaarte door het water. 'Iedereen weet dat geen enkele vooraanstaande buitenlander de stad wil verlaten zonder deze tocht te hebben gemaakt,' vermeldde een contemporaine reisgids.

Ondertussen speelde Nadar met verve zijn rol als de Hermes van Parijs, de psychopompos, intermediair tussen boven en beneden. In de jaren na de publicatie van zijn foto's gaf hij privérondleidingen aan nerveus giechelende gezelschappen die hij door het duister van riolen en steengroeven meenam. In een essay bij zijn foto's riep de fotograaf de massa's op om hem de diepten in te volgen. 'Madame,' schreef hij, aan een van zijn volgelingen, 'sta me toe uw gids te zijn. Neemt u mijn arm en *suivons le monde*.'

Voordat we aan het laatste deel van de tocht begonnen bivakkeerden we op het brede looppad van een ondergronds gedeelte van het Canal Saint-Martin, een brede, overwelfde tunnel waar groen water vredig doorheen stroomde terwijl aan het uiteinde het eerste ochtendlicht aarzelend binnendrong. Het was ongeveer acht uur 's ochtends en in de bovenwereld dekten de obers de tafels in de brasserieën die kort daarop zouden openen. We hingen onze hangmatten aan de reling langs het kanaal, als alpinisten in hun bivak aan steile rotsen. Steve bood aan om wakker te blijven en de wacht te houden.

In mijn hangmat nadenkend over de foto's van Nadar herinnerde ik me de mythe van Phaëton, de jongeman die zijn vader Helios overhaalde om hem de vurige zonnewagen langs de hemel te laten voeren. Al snel nadat hij was opgestegen verloor de jongen de controle over de leidsels. De wagen week af in de richting van de aarde, waar de hitte de rivieren liet opdrogen, woestijnen creëerde en de bergtoppen in brand zette, en uiteindelijk vloog Phaëton zo laag dat de zonnewagen een gat in het aardoppervlak brandde zodat het licht de onderwereld kon bereiken. De mensen kropen naar de rand van de krater waar ze voor het eerst recht in het rijk van Hades konden kijken, van de brandende meren en de sombere affodillenweide tot het eindeloze zwart van Tartaros. Ze zagen zelfs koning Hades en koningin Persephone die vanaf hun tronen met knipperende ogen naar hen opkeken. De mensen waren doodsbang voor dit helse landschap dat ze zo

lang hadden gevreesd, maar toch liepen ze niet weg van het gat. Ze bleven in de duisternis turen, niet in staat weg te kijken.

We hadden misschien tweeënhalf uur geslapen toen Steve een rondvaartboot op het kanaal zag aankomen. Hij schudde iedereen wakker voordat de kapitein ons zou kunnen opmerken en de politie zou bellen. We trokken ons in het donker terug.

De laatste etappe liep door het verzamelriool onder avenue Jean-Jaurès – een lange, rechte doorgang, breed en kaal, waar een rivier van rioolwater zo breed als een eenbaansweg doorheen raast. Volgens Steve liepen we langs de hoofdader: bijna al het afvalwater van Parijs stroomde langs onze voeten.

Na achtendertig uur voelden we allemaal dat de eindbestemming nabij was. We hadden ons triomfantelijk of opgelucht of voldaan kunnen voelen, maar we sleepten ons alleen nog voort, met bloeddoorlopen ogen, allemaal half verwilderd en enigszins versuft, ik vermoed vanwege de onderaardse uitwasemingen die we uren- en kilometerslang hadden ingeademd.

'Laten we tot het noorden van Frankrijk doorlopen,' zei Steve.

Voortsjokkend op het glibberige looppad voelde ik mijn oogleden zwaar worden. Ik bleef zo dicht mogelijk tegen de muur en concentreerde me erop om de ene voet voor de andere te zetten. Met een tussenruimte van enkele tientallen meters passeerden we aanvoerpijpen, gemarkeerd met het naambordje van de straat erboven. Moe, die vooropliep met de plattegrond, riep elke straatnaam naar achteren en telde de afstand tot onze eindbestemming af.

'Vijfhonderd meter!'

Bij elke stap werd de stroming in het kanaal sterker. Het rioolwater klotste over de randen van het looppad en stroomde even later om onze schoenen heen – de onderwereld duwde ons naar buiten.

Net buiten de stadsgrenzen kwamen we onder een heldere middagzon aan de oppervlakte: met zijn zessen klommen we de ladder op en kwamen tevoorschijn uit een mangat voor een Turks restaurant. Onze gezichten waren besmeurd, ons haar was mat van viezigheid en slijm, onze stinkende kleding doorweekt. Toen we opdoken bleven wandelaars op de stoep staan en sprongen achteruit, een ober van het restaurant liet bestek uit zijn handen vallen. Een oude vrouw in een roze trui leunde op haar rollator en staarde ons met grote ogen aan, haar mond een perfecte O. En heel even – net voordat Steve het putdeksel weer op zijn plaats schoof en wij naar een nabijgelegen park strompelden om het succes met een fles champagne te vieren – boog iedereen op straat naar voren om een blik in het open mangat te werpen.

3
De onderaardsen

'Het gesteente wemelt van wat onzichtbaar is.'

Seamus Heaney, 'Seeing Things'

In april 1818 verklaarde John Cleves Symmes, een man uit Ohio, voornemens te zijn een tocht naar het inwendige van de aarde te leiden. De achtendertigjarige voormalige legerkapitein, die een vooruitgeschoven handelspost in de grensstad St. Louis runde, zond een formele verklaring over zijn voorgenomen missie naar meer dan vijfhonderd hoogwaardigheidsbekleders, onder wie congresleden, wetenschappers, krantenredacteuren, professoren, museumdirecteuren en verschillende Europese vorsten. 'AAN DE HELE WERELD,' begon hij. 'Ik verklaar dat de wereld hol is en vanbinnen bewoonbaar; dat zij een aantal vaste concentrische sferen bevat, de een binnen de ander.' De binnenwereld, zo stelde hij, werd bevolkt door raadselachtige, onbekende levensvormen, misschien nog niet ontdekte menselijke rassen, en ze kon bereikt worden via reusachtige cirkelvormige openingen aan de Noord- en Zuidpool.

'Ik wijd mijn leven aan het onderbouwen van deze waarheid en ik ben bereid om de holte te verkennen, als de wereld mij in die onderneming wil steunen.' Hij besloot met een oproep om in actie te komen:

'Ik vraag honderd dappere metgezellen die, goed uitgerust, in de herfst vanuit Siberië met rendieren en sleeën over het ijs van de bevroren zee willen vertrekken; en ik sta er garant voor dat we een warm en rijk land zullen vinden, vol weelderige planten en dieren, zo niet mensen.'

Er kwam geen respons. Er waren geen rijke prinsen die de missie wilden steunen, en er meldde zich geen enkele 'dappere metgezel'. Maar Symmes liet zich niet ontmoedigen en begon aan een rondreis om lezingen te geven ter ondersteuning van zijn 'nieuwe theorie van de aarde'. In een oude stoffige koets reisde hij langs de westgrens van de Verenigde Staten van stad naar stad. In de openlucht, voor saloons en vergaderzalen, stelde hij een aantal rekwisieten op om zijn theorie te illustreren: metaalvijlsel en magneten, schalen met wervelend zand, een houten globe met openingen aan de boven- en onderkant. Urenlang vergastte hij zijn publiek op verhalen over de onbekende wereld onder hun voeten.

Eventjes werd Symmes een soort beroemdheid. De kleine, drukke man bleek een dynamisch verteller. Het publiek genoot van het visioen van de binnenwereld dat de kapitein schetste: een heel nieuw te veroveren gebied dat erop wachtte om na verkenning te worden geïncorporeerd in de groeiende Amerikaanse unie. 'De Newton van het Westen,' noemden ze hem. De boodschap verspreidde zich en er verschenen artikelen over Symmes en zijn verhalen over de verborgen aarde in kranten en tijdschriften. Maar dat was ook het moment dat het publiek beter naar de wetenschap achter zijn theorie ging kijken en zich realiseerde hoe dwaas die was.

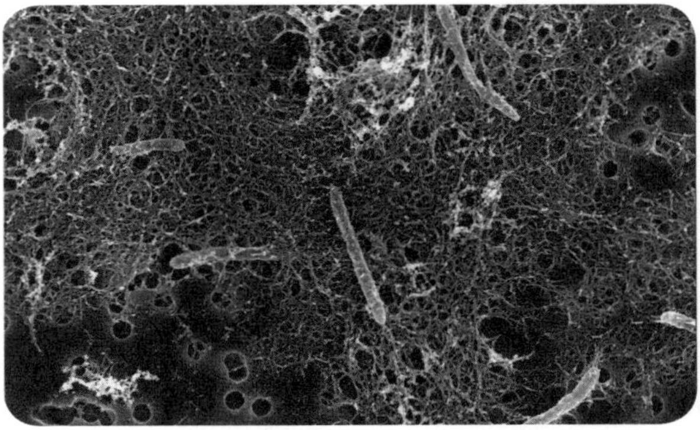

Aan de hand van de concentrische ringen van Saturnus had Symmes geconcludeerd dat concentriciteit een universeel gegeven was in de natuur en dat daarom 'alle planeten en hemellichamen hol moesten zijn', opgebouwd uit geneste sferen. Symmes werd afgeschreven als charlatan. 'De theorie werd spottend afgedaan als het product van een ongeremde fantasie of partiële krankzinnigheid,' schreef een historicus. 'Het bleef nog jarenlang een vruchtbare bron van vermaak.'

Ook al werd zijn theorie bespot, de kapitein bleef lezingen geven, petities naar het Congres sturen en financiële steun zoeken voor zijn expeditie. In 1823 wist hij een Russische minister over te halen om een missie naar het binnenste van de aarde te financieren, maar de graaf kreeg op het laatste moment koudwatervrees en trok zich terug. In 1829, tijdens een lezingentour door Canada en New England, werd de achtenveertigjarige kapitein ziek; hij overleed achter in zijn koets, die naar het Westen denderde. Uiteindelijk werd hij door iedereen als een krankzinnige beschouwd, een man die zijn leven had vergooid met het najagen van sprookjes over ondergrondse landen en onderaardse wezens.

In de jaren na zijn dood raakte de westerse wereld echter toch in de ban van verhalen over exotische onderaardse levensvormen. De theorie van de kapitein vond weerklank bij tal van romanschrijvers en kunstenaars. Edgar Allen Poe verdedigde Symmes' theorie en gebruikte die als een motief in het korte verhaal 'Manuscript in een fles gevonden' en in de roman *De fantastische reis van Arthur Gordon Pym*, over de tocht van een zeeman naar de binnenwereld. Jules Verne nam de holleaardetheorie ondertussen over in *Reis naar het middelpunt van de aarde*, waarin professor Lidenbrock via een vulkaan op IJsland afdaalt in een verborgen wereld, bewoond door oude sauriers. Ook de schrijvers H.G. Wells, Edgar Rice Burroughs, de bedenker van Tarzan, L. Frank Baum van *De tovenaar van Oz* en talloze anderen vertelden verhalen over binnenwerelden. In het laatste decennium van de negentiende eeuw werden er alleen al in de Verenigde Staten meer dan honderd romans over ondergrondse levensvormen gepubliceerd.

Kapitein Symmes was een van mijn eerste helden van het onderaardse. Zijn uitgeknipte portret heeft een tijdlang aan een punaise boven mijn bureau gehangen. Ik zag hem niet zozeer als een mislukte wetenschapper maar als een dichter, een surrealist die verhalen vertelde die in eerste instantie buitenissig leken maar toch mysterieuze en prikkelende kanten hadden. Ik was er benieuwd naar hoe Symmes' visioen van het onderaardse leven zich in de collectieve verbeelding had binnengewurmd. Het voelde bijna alsof hij een oude waarheid had aangeroerd en de vinger op een diepgewortelde collectieve herinnering had gelegd.

Ik moest aan de kapitein denken toen ik op een zomerdag een verhaal las over een groep biologen die naar de bodem van een olieboorgat in de woestijn waren afgedaald, zo'n anderhalve kilometer onder het aardoppervlak, en daar iets wonderbaarlijks hadden aangetroffen: levende wezens. Het waren bizarre, kronkelende, eencellige bacteriën die veel dieper onder de grond leefden dan voor mogelijk werd gehouden. En kennelijk, begreep ik daarna, troffen biologen over de hele wereld soortgelijke microben aan in grotten, verlaten mijnen en andere diepe gaten in de aardbodem. De wezens leefden onder onmogelijke omstandigheden die geen enkel ander schepsel zou uithouden: absolute duisternis, enorme hitte, reusachtige atmosferische druk, weinig zuurstof en nog minder voedsel. De onderaardse microben weken zo sterk af van het bekende leven dat ze net zo goed van een verre planeet hadden kunnen komen. De NASA begon ze dan ook te bestuderen als levensvormen die mogelijk ook op Mars konden voorkomen. De creaturen leken werkelijk overal te zitten, zelfs ín de aardkorst, in het grondwater dat door de microscopische gangen van poreus gesteente stroomde. En ze waren oeroud: sommige van deze wezentjes bestonden al miljoenen jaren, volkomen afgesneden van onze bovenwereld. Had die goede kapitein Symmes dat nog maar mogen zien, een superstam van mysterieuze oeroude organismen die welig tierde in het binnenste van de aarde.

Wat me nog het meest verbaasde – en wat de kapitein enorm verheugd zou hebben – was dat sommige microbiologen meenden dat deze schepselen uit de diepe onderwereld verwant waren aan de eerste levensvormen op de planeet en dat het leven ondergronds was ontstaan. In plaats van de warme waterpoelen aan de oppervlakte die de wetenschappers lang als de wieg van het leven hadden gezien, wezen deze onderzoekers de onderwereld aan als de bron van het leven op aarde: hyena's en egels, hoefijzerkrabben, nijlpaarden en mensen waren voortgekomen uit de microben die zich diep in de aardkorst hadden ontwikkeld en lang geleden aan de oppervlakte waren gekomen.

Ik werd gegrepen door het idee dat er ergens in een diep weggestopt deel van ons nog een fantoombeeld van die voorouderlijke onderaardse afkomst aanwezig kon zijn. En dus ging ik op

zoek naar het team microbiologen dat aan het experiment Life Underground van het NASA Astrobiologisch Instituut werkte. Ik vond hen in South Dakota, waar ze in de diepten van de verlaten goudmijn Homestake op anderhalve kilometer onder het aardoppervlak, veel dieper dan ik ooit was gekomen, naar onderaardse wezens zochten.

Op een lentemiddag volgde ik onder een weidse, blauwe hemelkoepel een kronkelende weg naar de Black Hills. Ik reed door een landschap van gouden meren omzoomd door ponderosadennen, door graslanden bezaaid met rotsblokken en over prairies die wemelden van de buffels.

Black Hills is een gebergte in de vorm van een duimafdruk, met een oppervlakte van ruim 11.500 vierkante kilometer, grotendeels in het westen van South Dakota, met een noordwestelijke uitloper in Wyoming. De bergen bevatten gesteenten die tot de oudste in Noord-Amerika behoren, graniet- en zandsteenlagen die zo'n zeventig miljoen jaar geleden door het aardoppervlak zijn gebroken. Ze zijn begroeid met donkere sparrenbossen en vormen een donkere silhouet tegen de vale alsembegroeiing van de Great Plains. Misschien ligt het aan de manier waarop het gebergte als een reusachtig geschubd monster uit de vlakte oprijst, of aan de bliksemschichten die geregeld boven de toppen flitsen, maar de Black Hills hebben van oudsher spiritueel ontzag ingeboezemd. Een negentiende-eeuwse bezoeker noemde ze de 'verblijfplaats van de *geneii*, de dondergeesten die onweer en stormen opwekken'.

Voor de oorspronkelijke Amerikaanse stammen van de Great Plains, die het gebied al minstens dertienduizend jaar hebben doorkruist, waren de Black Hills altijd een heilige bestemming. Het was het gebied om op buffels en antilopen te jagen, om geneeskrachtige planten te verzamelen en pijnbomen te vergaren. De inheemse bevolking waagde zich in de verborgen ravijnen in de bergen om petrogliefen in de rotsen te krassen en via in trance opgeroepen visioenen met de geestenwereld te communiceren. De stam van de Lakota heeft de intiemste band met de Black Hills. Zij beschouwen het gebied als hun voorvaderlijke land, de plaats waar hun voorouders verschenen. Ze noemen het Wamaka Og'naka Icante, ofwel 'Hart Van Alles Wat Is'.

Voordat ik mijn appartement in New York verliet had ik op het laatste moment de ingeving om een oud werk over het geloof en de gebruiken van de Lakota in mijn tas te gooien. Het boek, gebaseerd op de aantekeningen van James Walker, een arts die eind negentiende eeuw in het Pine Ridge Reservaat werkte, moest een beetje afleiding bieden van de stapel artikelen over onderaardse microbiologie die ik tijdens de vlucht wilde lezen. Maar nadat ik tijdens het opstijgen aan het boek was begonnen, kon ik het niet meer wegleggen. De Lakota, las ik, was een stam met een wonderlijk op het onderaardse gefixeerde cultuur. Een oude kaart van heilige locaties in de Black Hills, getekend door Amos Bad Heart Bull, een kunstenaar van de stam, liet een hele constellatie van onderaardse ruimten zien. In het zuidwesten van het gebergte trokken de stamleden bijvoorbeeld naar een groep heilige heetwaterbronnen en voerden rituelen uit rond een zinkput waar hun voorouders de buffels in dreven. Ze kwamen vooral veel bijeen om ceremonieën bij grotingangen te houden, met name bij Washu Niya, de 'Ademende Grot', bij de witte mensen bekend als de verbijsterende Wind Cave, een van de grootste en meest complexe grotten ter wereld. Al deze openingen werden beschouwd als doorgangen naar de andere wereld, portalen tussen het aardse en spirituele domein. Terwijl ik naar het noordoostelijke deel van het gebergte kronkelde om de mannen van Life Underground te ontmoeten, voelde het onverwacht alsof mijn komst verbonden was met het geloof van de Lakota.

Het team van Life Underground begon in 2013 onderzoek te doen naar de verborgen levenssfeer. Bioloog Jan Amend van de University of Southern California leidde een groep van zestig wetenschappers afkomstig van nog vijf andere instituten: het California Institute of Technology, het Jet Propulsion Laboratory, het Rensselaer Polytechnic Institute, de Northwestern University en het Desert Research Institute. Samen begonnen ze in de aarde door te dringen. Ze daalden over de hele wereld af in diepe boorgaten en mijnschachten, maar ook in natuurlijke waterbronnen en zelfs onder de bodem van de oceaan. Overal verzamelden ze materiaal dat in het laboratorium nader werd onderzocht. Hun ultieme doel was zoeken naar microbieel leven op Mars, en het leek hun waarschijnlijker dat ze dat onder het oppervlak zouden aantreffen, waar het beschermd was tegen de barre bovengrondse omstandigheden. Maar voordat iemand naar het ondergrondse leven op de Rode Planeet zou gaan graven, wilden ze meer weten over de onderaardse wezens hier op aarde, om te begrijpen hoe die onwaarschijnlijke creaturen in de onderwereld wisten te overleven.

In het stadje Deadwood stapte ik op de parkeerplaats van een Motel 6, iets voorbij het rijtje ouderwetse casino's, samen met twee leden van Life Underground in een Jeep. Brittany Kruger, geochemicus van het Desert Research Institute in Las Vegas, zat achter het stuur. Ze was begin dertig, had blauwe ogen, een lange blonde paardenstaart en de strakke armen van een bergbeklimster. Als veldbioloog was ze in haar eigen woorden 'haar hele leven overal en nergens door de modder gekropen'. Naast haar zat Caitlin Casar, geobioloog van de Northwestern University: lang, slank en ontspannen, met kort bruin haar en tunnels in haar oren. Het vierde lid van ons team was Tom Regan, onze gids naar de diepten van de mijn.

We reden naar Lead, dat een *western town* als elk ander zou zijn, met rijen kleine huizen en lage, gedrongen openbare gebouwen, ware het niet dat er pal in het midden een reusachtige gapende muil in de grond zat. Het was meer gat dan stad. De Homestake Gold Mine Open Cut is het enige gedeelte van de mijn dat vanaf het aardoppervlak zichtbaar is. De Homestake is hier ongeveer achthonderd meter breed en ruim vierhonderd meter diep, zodat de bodem vanaf de bovenrand niet te zien is. (Voor vijf dollar kun je bij het bezoekerscentrum van de mijn een golfballetje over de rand slaan.)

Homestake is er gekomen dankzij een laaghartige en schaamteloze landroof door de regering van de Verenigde Staten. In 1868 tekende de regering een verdrag waarin de Black Hills als het onvervreemdbare eigendom van de Lakota werd erkend; witte mensen konden het gebied alleen betreden met toestemming van de stam. Toen er echter zes jaar later geruchten over goud in de heuvels de ronde deden, werd het verdrag prompt geschrapt, waarna de mensen zich hier verdrongen om te gaan graven. Homestake werd in 1877 door de magnaat George Hearst geopend en was de grootste mijn in het gebied. In de loop van anderhalve eeuw groeide het uit tot de productiefste goudmijn van het westelijk halfrond: met een diepte van ruim 2400 meter en bijna 600 kilometer aan tunnels was het een soort industriële Grand Canyon. In 2001 was de mijn niet meer winstgevend; de pompen op de diepe niveaus werden afgesloten en de schachten begonnen langzaam vol te lopen met water.

Homestake bleef tot 2012 dicht, totdat de eigenaren de ruimte heropenden als wetenschappelijk laboratorium: de Sanford Underground Research Facility, ofwel SURF. Het was een ideale locatie voor natuurkundigen om diep onder de grond experimenten te doen, waar de rotsmassa een natuurlijk filter voor de kosmische straling vormde. De dag dat ik er op bezoek was liepen er veertien experimenten bij SURF, de meeste in gerenoveerde delen van de mijn, met tl-verlichting, witte tegelvloeren en promovendi achter laptops. En dan waren er de afgelegen delen, de donkere wildernis van de mijn, op 1480 meter diep, waar de rots onaangeroerd en ruw bleef en waar hete stoom door de wanden drong – dat was de plek waar wij heen gingen.

De Life Undergrounders en ik stonden in een gang met betonnen muren te wachten op de lift, door ingewijden De Kooi genoemd, die ons naar beneden zou brengen, eerst naar een diepte van 250 meter, daarna naar het diepstliggende punt van de mijn. Werknemers van de faciliteit liepen aan ons voorbij: voormalige mijnwerkers, stevige kerels die nu het onderhoud van de tunnels deden, en natuurkundigen, tengere, bebrilde figuren die hun dagen in laboratoria sleten. We brachten allemaal onze uitrusting op orde: een stevige blauwe overall, helm, mijnwerkerslamp, veiligheidsbril, rubberlaarzen met stalen neus en een draagbaar beademingsapparaat, een soort externe long in een houder ter grootte van een handgranaat, die alleen geactiveerd mocht worden in geval van brand of een gaslek.

'Als we naar beneden gaan, voelt het misschien een beetje ruig, maar als je rustig blijft, komt alles in orde,' zei Tom Regan. Hij was de veiligheidsspecialist van SURF, een man van achter in de zestig, klein, met een bril, Vietnamveteraan en diaken van een kerk in Spearfish, een plaatsje in de buurt. In eerste instantie maakte Tom weinig indruk op me. Hij sprak grotendeels in beveiligingsjargon en somde protocollen op voor verschillende ongelukken die zouden kunnen gebeuren. Niet dat hij onaardig was, maar hij trof me als vermoeid, vormelijk en een beetje afstandelijk. Hoe dan ook, ik besteedde niet veel aandacht aan hem omdat ik nerveus was voor de afdaling.

Ik was nooit meer dan enkele tientallen meters onder de grond geweest en nu gingen we veel, veel dieper. Ik had me laten vertellen dat sommige mensen die de ruige delen van de mijn op bijna 1500 meter diepte bezochten een zenuwinzinking hadden gekregen. De absolute duisternis, het opgesloten gevoel of het harde feit van zo'n 1500 meter graniet boven hun hoofd werd ze psychisch te veel zodat ze ijlings naar de oppervlakte teruggebracht moesten worden. Het deed me denken aan een oud verhaal over een groep grotverkenners in Engeland die een van hun metgezellen aan een touw in een aardedonkere verticale spelonk lieten zakken. Toen hij in de donkere zone belandde, hoorden ze een afschuwelijke gil en haalden ze hem snel weer naar boven. Het

verhaal ging dat de man als een razende met zijn ogen draaide en dat zijn haar op slag grijs was geworden. Ik friemelde aan de clip van mijn noodbeademingstoestel en bedacht hoe ongeschikt we zijn voor donkere werelden, fysiologisch gezien. We zijn als aliens onder de grond.

De Kooi kwam ratelend en wel in zicht. De deur ging open en we stapten allemaal in de stalen ruimte met traliewanden. De man die de lift bediende, de Kooiman, had de afmetingen van een neushoorn, droeg een blauwe overall en had roetvegen op zijn wangen. Hij gaf Tom een hand en grijnsde naar Brittany, Caitlin en mij. 'Wat gaan we vandaag onder de grond zoeken?' brulde hij boven het lawaai van de liftmotor uit. 'Of gaan we alleen een stukje wandelen?'

'Microben!' brulde Brittany terug.

De man barstte in lachen uit en schudde zijn hoofd.

Hij trok aan een hendel om de deuren te sluiten en riep naar buiten: 'Naar beneden!' De Kooi rammelde, schudde en begon in het aardedonker af te dalen. Ik keek naar de vloer. De mijnwerkerslamp op mijn helm verlichtte het open traliewerk en ik werd me onmiddellijk bewust van de bijna 1500 meter open ruimte onder onze voeten. De rotswanden van de schacht begonnen voorbij te glijden, eerst langzaam maar steeds sneller, terwijl we als een pijl de aarde in schoten.

Mensen zijn al sinds mensenheugenis gefascineerd door de mogelijkheid van onderaardse wezens die een verborgen parallel leven leiden. In de vijfde eeuw v.Chr. beschreef de oude Griekse historicus Herodotus in zijn *Historiën* een menselijk ras dat in donkere grotten in Ethiopië leefde. De troglodieten – naar het Griekse *troglo-* (gat, uitholling) en *-dyte* (binnengaan) – waren, aldus de beschrijving, nachtelijke albinopygmeeën die hagedissen aten en 'krijsten' wanneer ze aan zonlicht werden blootgesteld. Herodotus beschreef tal van obscure wezens in zijn *Historiën* – zoals mieren zo groot als honden, die in India naar goud groeven – maar de troglodieten waren een blijvertje. Ondanks een volstrekt gebrek aan ooggetuigenverslagen verwezen auteurs keer op keer naar onderaards levende mensen, van Strabo en Plinius de Oudere tot en met Carl Linnaeus, de achttiende-eeuwse Zweedse botanicus die het standaard taxonomische classificatiesysteem van de natuurlijke wereld ontwikkelde. Linnaeus verklaarde dat er twee soorten mensen waren: zij die op het aardoppervlak leefden, en zij die eronder leefden. *Homo diurnus* ofwel 'dagmens' leefde van het zonlicht en de zuurstof bovengronds, terwijl in de diepte van grotten en spelonken *Homo nocturnus*, de 'nachtmens', in het donker verbleef en 's nachts joeg. Het geloof in de realiteit van de aan duisternis verknochte onderaards levende mensen verdween langzamerhand, maar de mogelijkheid van een verborgen pendant van onze soort had duidelijk een snaar geraakt, alsof we onbewust op zoek waren naar onze tegenvoeters, ons schaduw-zelf.

De vroegste ontdekking van onderaards leven tekende baron Johann Weikhard von Valvasor uit Triëst in 1689 op in zijn geschiedenis van Slovenië. In zijn verhandeling over de regio Karst, waar zich talrijke grotten bevonden, beschreef hij een slangachtig dier van ongeveer dertig centimeter lang dat na zware regenbuien uit de ingangen van grotten spoelde. De plaatselijke bevolking kende de creaturen en geloofde dat het de onderontwikkelde nakomelingen van ondergronds levende draken waren. Valvasor noemde het dier de olm: een amfibische salamander die permanent ondergronds leefde. In zijn *Over het ontstaan van soorten* voerde Charles Darwin de olm aan als een voorbeeld voor zijn theorie van adaptieve evolutie: het dier maakte ooit deel uit van een populatie die op het aardoppervlak leefde maar begon steeds meer tijd in ondergrondse omgevingen door te brengen, misschien om bescherming tegen roofdieren te zoeken. Langzaam maar zeker, in de loop van miljoenen jaren, werden de fysieke eigenschappen die gunstig waren voor het onderaardse leven doorgegeven. In de ondergrondse leefwereld, waar voedsel schaars was, had het dier een opmerkelijke stofwisseling ontwikkeld die het in staat stelde om een heel jaar zonder voedsel te kunnen. In de eeuwige duisternis had de olm geen bescherming tegen uv-straling nodig en dus verloor hij zijn pigment en kreeg zijn huid een lijkachtige ivoren tint. Zelfs zijn ogen werden overbodig en verdwenen volledig onder een huidlaag.

Niet lang daarna identificeerden biologen verschillende klassen van grotwezens. 'Schaduwdieren' die in de ingangen van grotten leefden; 'schemerdieren' die binnen het bereik van het diffuse licht leefden en ten slotte 'donkere-zonedieren' of *troglobieten* zoals de olm, die zo naadloos aangepast waren aan het onderaardse leven dat ze niet konden overleven op het aardoppervlak. Grotexpedities onthulden een bizar bestiarium van troglobieten: albinomeervallen, parelmoeren spinnen, blinde torren, doorzichtige krabben en oogloze insecten. De veronderstelling heerste dat deze troglobieten de enige bewoners van het onderaardse waren: geen enkel ander wezen zou in die donkere zone kunnen overleven.

De deuren naar het onderaardse koninkrijk knalden in 1994 helemaal open toen Penny Boston, een jonge biologe uit New Mexico, tot op de bodem van de Lechuguilla-grot afdaalde, ruim 600 meter onder de grond. Het ondergrondse milieu was, in haar woorden 'de beste benadering van een reis naar een andere planeet zonder de aarde daadwerkelijk te verlaten'. Het was zo diep dat zelf de meest robuuste troglobiet, of welk ander wezen dan ook, hier niet kon overleven. Maar op zeker moment, terwijl Boston een fluweelachtige bruine afzetting op het plafond van een grotdoorgang bekeek, viel er een druppel water precies in haar oog. Tot haar verbazing zette haar oog op en zwol het dicht. Dat kon maar één ding betekenen: ze had een bacteriële infectie opgelopen van kleine micro-organismen die in de diepten van de grot leefden, veel verder ondergronds dan iemand voor mogelijk had gehouden.

Dat zette onderzoekers aan het denken over de rest van de ondergrondse wereld, dat wil zeggen het verscholen domein voorbíj de grotten, in de rotsachtige aardkorst die naar menselijke opvatting massief leek, maar in feite bezaaid was met sponsachtige holtes en minuscule barstjes waar grondwater in doordrong. Hoewel de wetenschappelijke gemeenschap de spot dreef met de suggestie dat er leven in de aardkorst aanwezig zou kunnen zijn, waar het immers te donker en te heet was, waar een te hoge druk heerste en nauwelijks voedsel te vinden was, gingen een paar microbiologen toch kijken. Ze daalden af in de gaten van gasboringen, oliebronnen en andere door de mens gemaakte uithollingen en boorden zelfs hun eigen gaten om watermonsters uit de diepe lagen te kunnen halen. En overal waar ze keken vonden ze die vitale bacteriënculturen. Eerst op 300 meter, daarna op ruim 1600 meter en op meer dan 3 kilometer diep, op de gevaarlijkste, stinkende plekken waar de druk vierhonderd keer hoger was dan aan het aardoppervlak en waar temperaturen heersten van boven de 90 °C.

Naarmate er meer en meer ontdekkingen werden gedaan begonnen biologen een vermoeden te krijgen van de verbijsterende omvang en diversiteit van het onderaardse leven. Het vroeg om een drastische wijziging van het perspectief. Zoals Copernicus de aarde uit het middelpunt van het heelal wegtrok en Darwin de mens in de natuurlijke historie van zijn troon stootte, leken deze ontdekkingen te suggereren dat de levensvormen óp het aardoppervlak misschien wel een minderheid op aarde waren. De collectieve biomassa van het leven ín de aarde leek vrijwel even omvangrijk, en misschien zelfs groter dan die van het bovengrondse leven. Als je al het ondergrondse microbiële leven aan één kant van een weegschaal zou leggen en alle planten en dieren die boven de grond leven aan de andere kant zou de weegschaal om de evenwichtsstand schommelen. 'Vol ongeloof schudden we ons hoofd bij de mogelijkheid van een andere levende wereld, een verborgen onderaardse biosfeer, nog groter dan de reusachtige schaal van het bovengrondse leven,' schreef de bodemecoloog David Wolfe in 2001.

De 'onderaardsen' druisten in tegen alles wat biologen ooit als de onomstotelijke kenmerken van leven hadden beschouwd. Ze gebruikten geen zuurstof, waren niet afhankelijk van zonlicht of fotosynthese voor energie en ze gebruikten geen op koolstof gebaseerd voedsel. Ze teerden op wat biologen een 'donkere voedselketen' noemden: ze aten stenen of zetten chemische energie en radioactiviteit uit de aardkorst om in voedsel. Ze waren onze evolutionaire alter ego's, een levensechte versie van een mysterieuze stam uit een holleaarderoman. Toen een team van onderzoekers ruim 3000 meter diep in een mijn in Zuid-Afrika een bacteriestam aantrof, noemden ze die *Desulforudis audaxviator*, ofwel 'dappere reiziger'. Het was een verwijzing naar Jules Vernes *Reis naar het middelpunt der aarde*, waarin professor Lidenbrock aan zijn reis begint nadat hij een in runen geschreven boodschap over een geheime toegang tot het binnenste van de planeet heeft ontcijferd: *Descende, audax viator, et terrestre centrum attinges* (Daal af, dappere reiziger, en u zult het midden van de aarde bereiken).

We namen op 250 meter diepte afscheid van de Kooiman en stapten een smalle, rotsachtige tunnel binnen. Er droop water uit het plafond, dat op onze helmen roffelde. Achter ons ratelde de Kooi uit het zicht en het werd doodstil. Ik bukte onder het lage, ruige plafond en liep door een laag modderwater die tot halverwege mijn laarzen kwam.

Brittany ging voorop, daarna volgden Caitlin en ik, met Tom als hekkensluiter achter ons. Het rook er zwavelig en de lichtbundels van onze mijnwerkerslampen vingen dampen in de duisternis. We bevonden ons in een laag schist, grijze rots dooraderd met geel en oranje. Ooit hadden er mijnwagens vol rotsblokken over dit pad gedenderd, waar we nu bordjes met GEVAAR en SECUNDAIRE VLUCHTWEG passeerden. Onder het lopen dacht ik aan de 250 meter rots boven ons en ik voelde dat mijn hart een beetje sneller ging kloppen; ik vroeg me af hoe mijn lichaam zou reageren als we nog eens ruim 1200 meter afdaalden naar de bodem van de mijn.

'Ik vind het heerlijk hierbeneden,' zei Tom. 'Ik ben gewoon in mijn element als ik ondergronds ben.' Ik keek over mijn schouder, en moest nog een keer kijken. De man die boven de grond zo stil en teruggetrokken was geweest, die monotoon in afkortingen en beveiligingsjargon had gepraat, had nu een grote, stralende glimlach op zijn gezicht. Naarmate we verder liepen werd hij losser, warmer, uitbundiger – uitgelaten zelfs. Het was alsof hij zijn adem had ingehouden en de lucht nu pas uitblies.

Hij vertelde dat hij in de bergen was opgegroeid, naar Vietnam was geweest en daarna in de mijn was gaan werken. Hij had elke denkbare functie gehad, van kooiman tot testboorder, en had ondergronds troost gevonden.

‘Ik ken de ondergrondse wereld beter dan de straten van de stad,’ zei hij, even inhoudend om een klein uitsteeksel in de rotswand aan te raken. ‘Als ze me vrij geven en ik een poosje niet ondergronds ga, begin ik ongedurig te worden. Mijn vrouw en ik rijden rond in de Black Hills en bezoeken grotten. Als je nog niet naar Wind Cave bent geweest, dan zeg ik je: iets mooiers kun je je niet voorstellen.’

We hoorden een zacht gerommel uit een afgelegen deel van de mijn, alsof er in de verte een kudde dieren voorbijdraafde. ‘Hoor je dat?’ vroeg Tom zacht. ‘Je kunt gewoon voelen hoe de mijn beweegt en zich zet. Alsof het hierbeneden leeft en de tunnels ademhalen.’

We kwamen bij de eerste plaats waar onderzoeksmateriaal werd verzameld: een metalen pijp in de rotswand, misschien vijf centimeter in doorsnee, waar permanent water uit stroomde. Het ‘lek’, zoals het gat werd genoemd, was in de vroege twintigste eeuw met een boorkop van industriële diamant geboord om naar goud te zoeken. Er waren tientallen van dit soort lekken in de mijn, en uit deze, zei Tom, was meer dan een eeuw lang ononderbroken water gestroomd.

Brittany en Caitlin zetten hun rugzakken in de modder, verstelden hun mijnwerkerslamp, zetten de veiligheidsbril op – beide al onder de modder – en gingen aan het werk. Ze trokken latex handschoenen aan en begonnen flesjes en buisjes met een schaalverdeling uit te pakken, alsmede sensoren om de chemische samenstelling, de temperatuur en de pH-waarde van het water te bepalen. Ze bevestigden een meerlaagse injectiespuit aan het uiteinde van de pijp, om watermonsters te kunnen nemen zonder verontreiniging van de lucht in de tunnel.

'Een lek is als een klein raam dat ons een inkijkje geeft in de ondergrond en ons de mogelijkheid geeft te zien wat er hier zoal leeft,' zei Brittany over haar schouder. 'Water beweegt in grote cycli door de aardkorst en heeft soms duizenden jaren nodig om van de ene plek naar de andere te reizen. Wij nemen aan dat het water van deze lekken afkomstig is uit een geïsoleerde watervoorraad dieper in de aardkorst. Dat betekent dus dat de organismen die we vinden van heel diep komen.'

Het zou nog weken duren voordat het laboratoriumonderzoek hun uitsluitsel zou geven over wat er exact in dit water leefde. Maar uitgaande van eerdere watermonsters uit de verschillende lekken in de mijn verwachtten ze soorten uit de *Desulforudis*-familie aan te treffen, zeg maar de neefjes van de dappere reiziger uit Zuid-Afrika.

Nadat Caitlin en Brittany hun materiaal hadden verzameld, hingen ze een bordje aan de metalen buis: NASA ASTROBIOLOGY INSTITUTE, GELIEVE NIET TE STOREN. Terwijl ze hun apparatuur weer in hun rugzakken pakten, echode het geluid van stromend water tegen de rotswanden. Ik ging op mijn hurken zitten, hield mijn hand onder het lek en liet het water over mijn vingers stromen terwijl ik me afvroeg uit welke diepten het was opgeborreld. Het duurde even voordat ik besefte dat Tom naast me stond.

'Ik ben in Spearfish bevriend met Lakota's die lid zijn van mijn

kerkgemeente,' zei hij. 'Zij zeggen dat het water in de Black Hills heilig is, dat de ondergrond is verbonden met hun voorvaderen.'

Ik zou het scheppingsverhaal van de Lakota eens moeten horen, de ontstaansmythe van de stam, ging hij verder. 'Ik ken het verhaal zo ongeveer, maar het is niet aan mij om het te vertellen. Je moet met iemand van de stam zelf praten. Je zou naar Wind Cave moeten gaan.'

Het verhaal over de oorsprong van het leven, zoals westerse wetenschappers dat althans lang hebben verteld, begint ongeveer vier miljard jaar geleden. Een 'oersoep' van biochemische elementen begon onder invloed van energie eenvoudige organische samenstellingen te vormen: er ontstonden aminozuren die tot DNA en eiwitten samenklonterden en zich vervolgens ontwikkelden tot eencellige bacteriën, de vroegste stadia van al het leven. Teruggrijpend op Darwin geloofden onderzoekers dat het milieu voor deze woelige gebeurtenissen een ondiepe watermassa was, een getijdenpoel, een plas of misschien het rustige oppervlaktewater van de oceaan.

In 1992 werd er een radicaal nieuwe theorie naar voren gebracht. Die was afkomstig van de gepensioneerde onderzoeker Thomas Gold van de Cornell University, een astrofysicus met een voorliefde voor het verkennen van andere wetenschappelijke disciplines en het presenteren van stoutmoedige theorieën die heilige huisjes omverschopten en vaak correct bleken te zijn. Nadat hij het wetenschappelijk onderzoek naar de onderaardsen jarenlang had gevolgd, schreef hij een boek onder de titel *The Deep Hot Biosphere*, waarin hij de overweldigende rijkdom van het onderaardse leven overtuigend beargumenteerde. Maar Gold ging nog een stap verder en poneerde dat het leven onder de grond was begonnen.

Vier miljard jaar geleden was het aardoppervlak een oorlogszone, aldus de astrofysicus, een gebied dat overspoeld werd door lava van vulkanische uitbarstingen, te lijden had van intensieve uv-straling en bestookt werd door een barrage van asteroïden. Het was extreem onwaarschijnlijk, meende hij, dat de eerste delicate biochemische reacties van het leven – de eerste 'voorzichtige contacten' zoals hij schreef – te midden van dat geweld zouden hebben plaatsgevonden. De ondergrond was daarentegen stabiel: geen weersinvloeden, geen fel licht, geen woeste seismische activiteit. Het was veel waarschijnlijker dat onze 'Hof van Eden' diep onder de grond had gelegen, waar de vroegste eencellige microben van de chemische energie uit de diepten leefden.

Volgens het model van Gold waren de onderaardsen, de zuurstofmijdende, hitteminnende, rotsenetende liefhebbers van de duisternis, geen wonderlijke afsplitsing van ons oppervlaktebewoners. Zij waren er het eerst en *wij* waren de afsplitsing van *hén*.

Daarmee introduceerde Gold een volkomen nieuwe voorstelling van ons ontstaansverhaal: na miljoenen jaren diep in de warme aarde te zijn gedragen, scheidde een groep archaïsche microben zich af van de rest van de onderwereldbewoners en migreerde langzaam omhoog, totdat ze in het licht verschenen en zich geleidelijk bovengronds begonnen te verspreiden. 'De microbiële pioniers drongen van onderaf in het aardoppervlak door,' schreef Gold.

De afgelopen vijfentwintig jaar stapelden de bewijzen die zijn theorie bevestigen zich op. Microbiologen hebben steeds dieper in de aarde leven ontdekt, in steeds oudere watervoorraden, die misschien wel een miljard jaar oud zijn. Ondertussen vinden ze ook overeenkomsten in het DNA van de onderaardse wezens, zelfs bij soorten die een halve planeet van elkaar verwijderd voorkomen, zoals het geval is met de *Desulforudis*-stammen die zowel in Zuid-Afrika als in de diepten van Homestake huizen. Het is een aanwijzing voor een mogelijk gedeelde afstamming. 'Het is nog altijd moeilijk om met absolute zekerheid iets over het leven in de ondergrond te zeggen,' vertelde Caitlin. 'We hebben nog maar zo'n klein deel gezien van wat daarbeneden leeft.' Maar elk jaar zijn er meer microbiologen die de mogelijkheid accepteren dat het leven onder de grond is ontstaan.

Het is een verhaal dat ze herkennen, omdat het een verhaal is dat we allemaal kennen, en altijd hebben gekend – een van de oerverhalen van de mensheid. Ook al is de onderwereld het domein van de dood, het is ook altijd een baarmoeder geweest, een vruchtbare, productieve plaats waaruit het leven tevoorschijn komt. Dat is de ultieme betovering van de aarde, waar planten wortel schieten als zaadjes in de grond alvorens boven het oppervlak uit te lopen, zoals wij allemaal in de grot van de baarmoeder van onze moeder groeien voordat we door een donkere tunnel in het daglicht treden. In de oudheid kenden culturen over de hele wereld onderaardse scheppingsverhalen, die antropologen 'verschijningsmythen' noemen en waarin de voorouders uit de oertijd in de aarde rijpten voordat ze in de open ruimte oprezen. Ze zijn overal te vinden, bij de Aboriginals van Australië, op de Andamanen in de Indische Oceaan en in de folkloretradities van Oost-Europa, maar vooral in precolumbiaans Amerika. Volgens de Hopi en Zuni uit het Zuidwesten ontstonden de eerste mensen als een soort larven diep onder de grond, in de diepste baarmoederwereld, waarna ze, geleidelijk opklimmend door opeenvolgende baarmoederwerelden, steeds menselijker werden, tot ze aan de oppervlakte verschenen door het geboortekanaal van hun moeder. Volgens de stammen van Centraal-Mexico verschenen de eerste mensen uit de zoetgeurende diepten van een grot die Chicomoztoc heette, te vertalen met 'De Grot met de Zeven Nissen'. In vervaagde Meso-Amerikaanse manuscripten kunnen we die grot-baarmoeder nog zien, met zeven kamers die elk kleine mensen in foetushouding bevatten, en een spoor van voetstappen dat de grot uit leidt. Het is een verhaal dat Bachelard 'bij de oorsprong van alle geloven' zou plaatsen. Archeologen die zich de grotten van Frankrijk binnenwurmen, vinden er 30.000 jaar oude in de rots gekraste afbeeldingen van vulva's, die de modderige diepten als onze ontstaansgrond markeren.

We daalden nu af tot de bodem van de mijn, 1480 meter onder de grond. Naast Tom in de Kooi keek ik naar de stenen wanden die in een waas voorbijraasden – per minuut 150 meter dieper. Ik voelde mijn lichaam op de omgeving reageren, de druk lag als een juk op mijn schouders, de lucht werd bedompter, het zweet prikte in mijn nek. Misschien dat mijn zenuwen het op deze diepte, met bijna 1500 meter rotsen boven mijn hoofd, zouden begeven.

Maar dat gebeurde helemaal niet. Op de bodem van de mijn liepen we gebukt door een smalle en lage galerij waarvan de wanden versterkt waren met roestige metalen strips, totdat we het volgende lek bereikten. Terwijl ik naast Caitlin en Brittany hurkte en zag hoe het water uit de rots stroomde en een grote poel rond onze voeten vormde, bedacht ik dat het wemelde van de onderaardse creaturen en dat ik naar een bron van archaïsche levensvormen van de aarde zat te kijken. Het was zo heet in de tunnel dat de stoom van de muren sloeg. Het voelde voor mij echter niet zozeer als een verstikkende hitte, maar meer als een vruchtbare warmte, zoals de warmte van een kas. Hoe onnatuurlijk de omgeving ook was, hoe fysiologisch vijandig en ver verwijderd van de sfeer van de alledaagse menselijke ervaring, deze tunnel was een plaats van geboorte. Naast ons stond Tom toe te kijken, een man die vijf decennia lang in deze galerijen op en neer was gelopen en die zich onder de grond prettiger voelde dan erboven, die thuis was in het binnenste van de aarde. Hij stond zachtjes voor zichzelf te fluiten, een en al sereniteit, alsof de stenen wanden hem omhelsden.

Nadat al het materiaal was verzameld en de apparatuur was ingepakt baanden we ons een weg terug door de tunnels en stapten in de Kooi. Niemand zei veel toen we in het rammelende en ratelende gevaarte weer naar de oppervlakte stegen. Iedereen was verdiept in zijn eigen gedachten. Zodra we boven waren en in het avondlicht naar buiten stapten, voelde ik me verlamd van uitputting. Caitlin, Brittany en ik trokken onze modderige overalls uit, en borgen de veiligheidsbrillen en helmen op in de kluisjes van SURF. Tom kwam afscheid nemen toen we onze rugzakken en apparatuur in de kofferbak van de Jeep van Life Underground legden.

Terug aan de oppervlakte leek hij iets van zijn gloed te hebben verloren. Zijn huid werd grijs en mat. We schudden elkaar de hand en ik bedankte hem voor zijn gidswerk onder de grond. ‘Heb je een routebeschrijving nodig?’ vroeg hij.

Ik vroeg hem wat hij bedoelde.

‘Naar Wind Cave,’ zei hij. ‘Het is niet ver. Je rijdt gewoon naar de hoofdweg, dan door de heuvels naar het zuiden en de bordjes volgen.’

De volgende ochtend laveerde ik tussen grillige rotspunten, langs de bergtop waar de legendarische Lakota-sjamaan Black Elk zijn visionaire tochten beleefde. Mijn tocht voerde ook langs het ste-

nen monument voor Crazy Horse waar een beeldhouwer een portret van de Lakota-chief uit de bergwand had gehakt en dat als het helemaal voltooid is tien keer groter moet worden dan Mount Rushmore met de vier presidentiële portretten. Ik reed langs grazende buffels, prairiehonden en een coyote die door het hoge gras sloop, totdat ik eindelijk in het hart van een goudkleurig grasland aankwam, waar ik een vrouw ontmoette die Sina Bear Eagle heette.

Sina was een Oglala Lakota, de achter-achter-achter-achterkleindochter van een van de beroemde leiders van de stam, chief No Flesh, wiens foto ik uit het archief van een museum opdiepte. Ze was opgegroeid in het Pine Ridge Reservaat, aan de rand van de Black Hills. Ze had een tattoo van Bob Dylan op haar onderarm en de onderrand van haar schouderlange haar was blauwgroen geverfd. Ze heette me welkom en leidde me over een kronkelend pad naar de ingang van Washu Niya, ofwel Wind Cave.

Onder het lopen vertelde Sina dat de grot volgens de verhalen in 1881 ontdekt zou zijn door de gebroeders Bingham, witte mannen. 'Maar *ontdekt* is het verkeerde woord,' zei ze even vriendelijk als beslist. 'Het volk van de Lakota kende de grot al lang, lang voor die tijd.'

Sina was ongeveer dertig jaar en een vrouw die een steeds prominentere plaats innam in de Lakota-gemeenschap. Ze had linguïstische antropologie gestudeerd aan de University of California at Los Angeles en werkte aan haar proefschrift over de taal van de Lakota; ze was van plan na afronding van haar studie naar het reservaat terug te keren om kinderen de taal van hun voorvaderen te leren. In de zomermaanden werkte ze als gids en vertelde ze de bezoekers van Wind Cave over de cultuur van de Lakota en de relatie van de stam met de grot.

Wind Cave had een toeristeningang met betonnen treden die het donker in liepen, maar Sina en ik bleven vlak daarnaast voor de originele grotingang zitten. Het was een kleine opening, volkomen donker, misschien zestig centimeter in doorsnee. Op dagen dat de luchtdruk buiten lager was dan in de grot, zo legde Sina uit, kon je de lucht uit de ondergrond voelen blazen. Ter illustratie hield ze een lint voor de opening en het losse uiteinde wapperde naar buiten.

'De grot heeft veel *wakan*,' zei ze, het Lakota-woord voor 'heiligheid'. Ze wees naar een bosje naast de opening, waarvan de takken vol hingen met kleine tabakszakjes, door Lakota als offer achtergelaten. Bij haar allereerste bezoek aan de grot had ook zij een offer gebracht, vertelde ze. Dat was tijdens een schoolreisje toen ze twaalf jaar oud was. Op het moment dat ze onder de grond afdaalde, voelde ze dat ze van de grot hield. 'Ik besefte dat ik hier keer op keer terug wilde komen, en dus nam ik een haarlok van mezelf en liet die in een van de gangen achter, met de belofte dat ik zou terugkeren.'

Ik vertelde Sina waarom ik haar kwam opzoeken en weidde uit over de microbiologen die diep in de Black Hills werkten, over de ondergrondse bacteriën die zij vonden, creaturen die overal voorkwamen en waarvan we het belang en de betekenis nog maar net begonnen te begrijpen. Ik vertelde haar over kapitein Symmes en over onze zoektocht naar ons schaduw-zelf dat in de onderaardse duisternis leeft. En ten slotte vertelde ik over de theorie dat de wezens uit de diepte misschien wel de eerste levensvormen waren geweest, dat al het leven misschien wel onder de grond was ontstaan.

'Hmm,' zei ze knikkend, zonder grote verbazing te laten blijken.

Ze zweeg lang voordat ze me het scheppingsverhaal van de Lakota begon te vertellen.

'De eerste mensen leefden onder de grond, in de geestenwereld,' begon ze. 'De Schepper had hun gezegd daar te wachten totdat de bovenwereld klaar was voor hen. Deze mensen hadden ogen die aangepast waren aan het leven onder de grond: ze gloeiden rood en de mensen konden ermee zien in het donker.'

Maar op het aardoppervlak begon de spin Iktomi eenzaam te worden, ging ze verder. Daarom stopte hij de meest verleidelijke dingen van de bovenwereld, zoals kleding, bessen en heerlijk vlees, in een zak, maakte een opening in de aarde en stuurde een wolf naar de geestenwereld om de geschenken af te leveren. De mensen deden de kleding van schapenleer aan, proefden de bessen en aten het vlees, wat ze bijzonder lekker vonden. Als ze naar de oppervlakte kwamen, zouden ze veel meer vlees kunnen vinden, zei de wolf. Maar Tokahe, 'De Eerste', leider van de mensen, weigerde te gaan en waarschuwde iedereen dat de Schepper hun had opgedragen onder de grond te blijven totdat het aardoppervlak gereed was voor hen. De meeste mensen sloegen zijn waarschuwing echter in de wind en volgden de wolf naar de bovenwereld. Toen ze boven de grond kwamen, was het zomer. Er was eten in overvloed en het ging iedereen goed. Maar toen het koud werd, kregen de mensen honger. Ze vroegen de Schepper om hulp, maar hij was woedend omdat ze hem niet hadden gehoorzaamd. Voor straf veranderde hij hen in de eerste kudde buffels.

'En pas toen was de aarde gereed en kon de mens erop leven,' vertelde Sina. 'De Schepper gaf Tokahe opdracht om de mensen naar boven te brengen. Ze maakten een langzame reis omhoog en stopten vier keer om te bidden, de laatste keer bij de ingang. Toen ze naar buiten stapten, volgden de mensen de bizon en leerden ze te overleven in de bovenwereld.'

Nadat Sina het verhaal had verteld, bleven zij en ik stil bij de ingang van de grot zitten, het gat dat Iktomi in de grond had geopend. Er kwam een vlaag koele lucht uit de opening, lucht die uit de diepe ondergrond kwam, uit de stenen baarmoeder van de aarde.

4

De okerdelvers

'Welke noodzaak maakt dat de mens, wiens hoofd naar de sterren wijst, zich diep buigt, in mijnen begraaft en in de diepste ingewanden van de aarde stort?'

Seneca, *Naturales Quaestiones*

In de stad Potosí dromen mensen elke nacht van de heer van de onderwereld. Het is een mijnwerkersstad hoog tussen de ijzige toppen van de Boliviaanse Andes, aan de voet van de berg Cerro Rico, 'Rijke Heuvel', die tot de rijkste zilverertsbronnen ter wereld behoort. Toen de eerste aders hier in de zestiende eeuw werden ontdekt, kwamen duizenden mannen in de zilvermijnen werken, allemaal van inheemse stammen die al duizenden jaren in het hooggebergte woonden. Ze daalden dag en nacht via gammele ladders af in smalle mijnschachten. In de buik van de berg, op de bodem van bloedhete, stinkende galerijen, hakten en schraapten ze in de rotswanden en zeulden het zilver in houten karren naar boven.

Vrijwel onmiddellijk nadat de mijnwerkers in Potosí begonnen te werken, deden in de schachten geruchten de ronde over een spiritueel wezen dat in de mijn huisde, bekend als El Tío, 'De Oom'. Hij was even machtig als wispelturig, een geest die het ene moment grootmoedig was en het volgende moment moordzuchtig. Het was El Tío die het zilver maakte en de mijnwerkers naar de rijkste ertslagen leidde. Maar als zijn humeur omsloeg strafte hij de mijnwerkers meedogenloos door giftige gassen uit de muur te laten ontsnappen, dodelijke instortingen in het donker te veroorzaken, mijnwerkers van ladders te gooien of ze met mijnwerkerslong te treffen. Elke inwoner van het 150.000 zielen tellende Potosí had wel een familielid aan El Tío verloren. Cerro Rico werd bekend als 'de berg die mensen eet'.

Bovengronds waren de mijnwerkers van Potosí vrome, kerkelijke rooms-katholieken, maar onder de grond, in de zwavelige duisternis van de mijn, werden ze volgelingen van de bloemrijke cultus van El Tío. Ze daalden af in de berg en richtten in elke diepe schacht manshoge standbeelden van de godheid op. El Tío kreeg de vorm van een menselijk creatuur op een troon, met gebogen hoorns op zijn hoofd, wijdgeopende neusvleugels, een woeste, puntige baard en een grote opgerichte fallus die naar zijn losbandigheid verwees. De godheid was uit de mijn zelf geboren, zijn lichaam gevormd van onderaardse klei, zijn ogen gemaakt van kapotte mijnwerkerslampen, zijn tanden van kristalscherven.

Omdat het hele universum van Potosí stond of viel met het grillige humeur van El Tío werkten de mijnwerkers hard om hem tevreden te houden. Soms hadden ze van een eerbiedige afstand contact met hem en liepen op hun tenen om hem heen alsof hij elk moment in het donker kon uithalen. Het was bijvoorbeeld taboe om God in de aanwezigheid van El Tío te noemen, of ook maar de minste suggestie te wekken dat hij minder dan almachtig zou zijn, uit angst dat hij jaloers en woest zou worden. Zelfs de aanblik van een pikhouweel, die op een christelijk kruis leek, zou een woede-uitbarsting bij hem kunnen losmaken: als een mijnwerker voor de godheid langsliep, verborg hij zijn houweel zorgvuldig voor El Tío's blik. Nu en dan zetten de mijnwerkers een levende lama in een houten kar en brachten hem door de kronkelende galerijen naar beneden, naar El Tío, waar ze het dier offerden, zijn bloed over de troon sprenkelden en het hart aan de godheid voerden. Als de mijnwerkers daarna weer boven kwamen, baden ze dat El Tío genoeg gegeten had en geen trek meer zou hebben in mensenvlees.

Maar ondanks dit alles verzamelden de mijnwerkers zich na een lange shift aan de voeten van de god, en zaten ze voor zijn troon als schuchtere kinderen voor een gerespecteerd familiehoofd. In het donker vertelden ze elkaar grappen en roddels en er werd gelachen. Ze lieten een fles *singani* (een drank van de muskadeldruif) in de kring rondgaan en goten ook iets in de mond van El Tío. Ze gaven hem een blikje bier in zijn uitgestrekte hand van klei of voerden hem cocabladeren. Liet een mijnwerker een pakje sigaretten rondgaan, dan duwde hij voorzichtig ook een sigaret tussen de lippen van El Tío, en leunde voorover om hem een vuurtje te geven.

Toen ik voor het eerst over de cultus van de heer van de mijn las, was ik verbluft. Wat was de oorsprong van deze angstige dans waarin de mijnwerkers El Tío vreesden als de verslinder van hun familieleden, maar toch gezellig in het donker bij hem kwamen zitten? Ik nam antropologische studies over de inheemse culturen van de Andes door en zocht in oude religieuze tradities, maar de wortels van El Tío leken dieper te reiken dan enige traceerbare cultus, alsof hij een elementaire aanwezigheid was, die al lang voordat er mensen in deze regio verschenen in de aarde verbleef.

Jaren later moest ik weer aan de cultus van El Tío denken toen ik een foto zag van een mijn in de Weld Range, een heuvelketen in een afgelegen uithoek van West-Australië. Wilgie Mia was de oudste mijn ter wereld, met 30.000 jaar oude sporen van bezoek door Aboriginals. De mijn bevatte oker en had smalle tunnels die door een rijke laag van deze zachte, bordeauxrode ijzerhoudende klei liepen. Op de foto stonden drie mannen van de stam van de Wajarri die in de mijn oker hadden verzameld en weer aan de oppervlakte waren gekomen. De fotograaf had hen vastgelegd op het moment dat ze een wonderlijke ceremonie uitvoerden: nadat ze naar buiten waren gestapt draaiden ze plotseling om hun as en liepen angstig fluisterend achteruit terwijl ze een tak met bladeren gebruikten om hun voetsporen uit te wissen. Volgens de begeleidende tekst verborgen de mijnwerkers hun sporen voor grillige geesten die Mondongs werden genoemd – of 'de duivel', zoals de fotograaf ze noemde. De Mondongs huisden in de duisternis van de mijn en zongen treurige liederen. De foto was gedateerd op 1910, een tijd waarin de witte mensen nog maar net in de afgelegen delen van West-Australië waren gearriveerd en de oude tradities van de Aboriginals nog intact waren.

Vrijwel vanaf het eerste moment dat de Aboriginals het continent betraden, meer dan 60.000 jaar geleden, begonnen ze oker uit de grond te halen. Ze beschouwden het mineraal als bijzonder heilig. Duizenden jaren lang maakten ze lange, zeer geritualiseerde pelgrimstochten om in bloedrode putten af te dalen en oker uit de aarde te halen. Ik wilde meer over die tradities weten. Ik vermoedde dat het ritueel op de foto, het angstige uitwissen van voetsporen om verstoring van het ondergrondse monster te voorkomen, een sleutel kon zijn om meer te weten te komen over de aloude manier van denken over de ondergrondse wereld.

Al snel begreep ik van Australische antropologen dat de culturen van de Aboriginals in de eeuw sinds de foto werd gemaakt drastisch waren veranderd. Rond het midden van de twintigste eeuw waren de meeste van de 250 stammen rampzalig gedeci-

meerd door alcoholisme, armoede en ziekte, en door gewelddadige confrontaties met witte mannen. Net als veel andere gebruiken die de Aboriginals millennialang hadden gepraktiseerd, waren ook de rituelen van het oker delven vervaagd. De mijnen zelf, ooit heilige verzamelpunten in het landschap van de oorspronkelijke bewoners, waren jarenlang niet meer bezocht. Sommige waren onherstelbaar ingestort, andere vergeten, weer andere opgeslokt door moderne mijnbouwbedrijven.

Dat gold voor alle mijnen, op één na. Ik hoorde over een familie van de Wajarri-stam, de Hamletts, die een kamp op hun voorvaderlijke land hadden, aan de voet van Wilgie Mia. De patriarch van de familie, Colin Hamlett, was opgegroeid in de Weld Range en werd opgevoed door mensen die West-Australië van voor de komst van de Europeanen kenden en zo ongeveer tijdgenoten waren geweest van de mijnwerkers op de foto. Colin was een hoofdoudste van de Wajarri en een 'traditionele eigenaar' van de Weld Range. In termen van de Aboriginals kon hij nog altijd 'voor het land spreken', wat betekende dat hij tot de kleine verdwijnende groep van oudere Aboriginalmannen en -vrouwen behoorde die nog steeds de voorvaderlijke band met het landschap kenden en ingewijd waren in de oude tradities.

Toen ik contact legde met de hoofdoudste, die niet rechtstreeks met mij wilde spreken maar alleen via een kring van vertrouwde antropologen en aanhangers, hoorde ik dat zijn band met deze tradities recentelijk nog urgenter was geworden, omdat een modern mijnbouwconglomeraat, Sinosteel Midwest, een concessie had binnengehaald om een mijn te ontginnen in een deel van de Weld Range. Zoals het fluwelige oker de Aboriginals duizenden jaren geleden naar de heuvels had gelokt, trok het rijke ijzererts nu de moderne industriële mijnbouwers aan. Als vertegenwoordiger van de Wajarri had Colin zich jarenlang met hand

en tand tegen het verlenen van de concessie verzet, maar uiteindelijk had hij toegegeven omdat hij inzag dat de financiële overeenkomst toekomstige generaties van de noodlijdende stam zou helpen. In de onderhandelingen had hij wel bepaald dat er geen drilboor van Sinosteel in de buurt van Wilgie Mia mocht komen. Het was al enkele jaren geleden dat de contracten waren gesloten en de exploitatie was nog niet begonnen, maar het zou niet lang meer duren voordat de boren Weld Range binnen zouden denderen. Ik vermoed dat het omwille van het nageslacht was dat Colin me in het voorvaderlijke kamp van zijn familie ontving en uitnodigde voor een bezoek aan de heilige mijn, een plaats waar witte mensen maar zelden werden toegelaten. Bij de Wilgie Mia werden de oude tradities nog in ere gehouden: net als hun voorvaderen tienduizenden jaren hadden gedaan, daalden de Hamletts nu en dan in de mijn af om oker te verzamelen.

Ik reed vanaf Perth aan de westkust naar de binnenlanden van het continent, een rit van elf uur door een immens en kaal gebied dat de Australiërs kennen als het Never-Never. Op de Great Northern Highway, wat een smalle tweebaansweg bleek te zijn, passeerde ik met witte knokkels van de spanning de ene enorme vrachtwagen na de andere. De barre grond strekte zich aan weerszijden van de weg weids en open uit als een Marslandschap. Om de monotonie te doorbreken stopte ik om de zoveel uur en liep een zee van grijsgroene lage struiken in, met sporen van kampvuren en voetafdrukken van onbepaalbare leeftijd. In de afgelegen stad Cue bracht ik de nacht door in de Queen of the Murchison, een tochtig oud hotel met in de achtertuin de vintage motorfietsencollectie van de eigenaar, een antieke dubbeldekkerbus en een verzameling vogelkooien met ara's die met hun tropische blauwgele pluimage als vreemdsoortige vlaggen tegen de rode heuvels afstaken.

De volgende morgen, net na het ochtendkrieken, ging ik op weg naar Weld Range. Ik vond het kampement van de Hamletts verscholen in een bosschage van acacia's: een groepje van zes of zeven Winnebago-campers, overdekt met het rode stof dat elke kier in elk oppervlak in de heuvels vulde. Colin zat aan een tafel onder een klein tentdoek in het midden van het kamp, zijn lange zilverkleurige baard golvend over een vooruitstekende buik. Zijn leeftijd was hem aan te zien – hij ademde fluitend door afwezige tanden en over zijn ogen lag de waas van staar – maar hij had een waardige houding en zat met een kaarsrechte rug op zijn stoel, zijn lange pezige armen voor de borst over elkaar geslagen. Hij straalde charisma en vitaliteit uit, als een fysieke gloed. (Hij vertelde me dat de andere Wajarri elkaar wijsmaakten dat hij een 'vedervoet' was, een tovenaar of sjamaan, maar verzekerde me tegelijkertijd dat het alleen dwaas bijgeloof was.) Zijn familie noemde hem 'Old Boy', ze zeiden bijvoorbeeld: 'Old Boy heeft een bijl en een geweer op de voorstoel van zijn truck.' Er zat een pluizig wit hondje op zijn schoot dat naar de naam Baby luisterde en dat hij overal mee naartoe nam.

Bij onze begroeting hield Colin mijn hand net een halve seconde langer vast dan nodig was en keek me recht in de ogen. Het was, zo leek het, een herinnering aan het feit dat mijn aanwezigheid op het land van zijn familie niet normaal was. Toen ik een Aboriginal die ik in Perth had ontmoet vertelde waar ik naartoe ging, zette hij grote ogen op. De mijn was een machtige plaats, verzekerde hij me. 'Pas goed op, *mate*,' zei hij. 'Dat is bloedserieus.' De antropologen die ik had gesproken, hadden me geadviseerd om voorzichtig en respectvol te zijn. Het moment ging voorbij. Colin ontspande en begon theatraal te lachen. 'Moet je die stadsjongen zien,' bulderde hij. 'Helemaal in die verdomde bush!'

De hele familie was net aangekomen vanaf de kust waar ze in het stadje Geraldton woonden, of in het naburige Mullewa. Nu zaten ze allemaal om de tafel. Het was een poosje geleden dat ze samen 'op het land' waren geweest en ondanks het spookbeeld van de mijnconcessie en het openbreken van hun domein dat elk moment kon beginnen, was de stemming vrolijk en gingen er bierflessen en sigaretten rond. De echtgenote van Colin, Dawn, een vrouw met een rond gezicht en intelligente ogen, zat aan zijn zij. Naast hen zaten hun twee zonen: Carl, voor de familie 'Muddy', een grote, trotse man met een zeeleeuwensnor, en Brendan, bijgenaamd 'Cave Man', mager en stil, met krullend haar en grote donkere ogen. Achter hen een luidruchtige bende neven en kleinzonen, de meesten in de twintig. ('Stelletje ezels,' zei Colin.) Ik deed mijn best om alles te volgen, maar het grootste deel van de snelle conversatie, doorspekt met Wajarri, ontging me. Ik zag hoe Kenny en Gordon, twee kleinzonen van Colin, een brandende sigaret in de kring heen en weer gooiden, tussen uitgestoken vingers opvingen, een trekje namen en weer teruggooiden.

Het duurde niet lang of mijn gedachten dwaalden af naar Wilgie Mia en de Mondongs. Colin wist natuurlijk waarvoor ik was gekomen, maar ik was bang om erover te beginnen, alsof hij de uitnodiging na een misplaatste vraag van mij zou kunnen intrekken. Ik schoof ongemakkelijk op mijn stoel heen en weer en keek reikhalzend om me heen om uit te maken waar we zaten ten opzichte van de mijn.

'Achter de bomen,' merkte Colin op, die me kennelijk had geobserveerd. Hij wees met zijn sigaret in de richting van de bosschage achter me.

'Je krijgt hem snel genoeg te zien,' zei hij. Daarna verscheen er een glimlach op zijn gezicht die precies het tegenovergestelde van zijn woorden communiceerde: er waren nog heel veel dingen die ik moest weten voordat ik de mijn zou mogen bezoeken.

'Het bezoek is een van de oude gebruiken,' zei Colin, naar het land om ons heen wijzend. 'Het is heel lang geleden dat de zwarte mannen voor het eerst naar die ouwe Wilgie kwamen.'

Al zolang onze soort bestaat, hebben we mineralen uit de aarde gehaald. Toen de homo sapiens tussen de 200.000 en 300.000 jaar geleden voor het eerst in Afrika verscheen, delfden we al grondstoffen uit de ondergrond om er gereedschappen van te maken: vuursteen voor messen en schrapers, basalt voor stenen bijlen en hamers, graniet voor maalstenen. Onze voorouders verspreidden zich over de planeet en groeven elk denkbaar mineraal op, van malachiet en kwarts tot jade en robijnen. Deze stenen en metalen werden altijd als heilig beschouwd. Ze werden op beschermende amuletten gedragen, hadden profetische kracht en werden gebruikt bij religieuze rituelen. Zelfs als ze enkel als gebruiksvoorwerp dienstdeden werden ze beschouwd als de dragers van het transcendente, een middel om contact te maken met de godenwereld.

Van alle mineralen die we uit de aarde hebben opgegraven, is er geen zo lang en zo universeel vereerd als de rode oker. De stof werd overal als heilig beschouwd, van de Andes, waar de Inca's oker op graven smeerden, tot in Centraal-India, waar jager-verzamelaars er muurschilderingen mee maakten op de achterwanden van hun schuilplaatsen in de rotsen. Er is wel geopperd dat het mineraal het allereerste symbool van menselijke cultuur was, het eerste materiaal dat onze voorouders gebruikten om boven de fysieke wereld uit naar het metafysische te reiken. De ontdekking dat 100.000 jaar oude begraafplaatsen in Irak en Israël met oker waren bestreken, was een aanwijzing dat de vroege homo sapiens in een leven na de dood geloofde. De archeoloog Ernst Wreschner van de Universiteit van Haifa noemt oker 'een rode draad' die de hele mensheid samenbindt.

De Aboriginals van Australië verzamelden de grondstof met een hartstocht die de vroege Europese kolonisten op het continent verbluften. Toen een missionaris een woordenboek samenstelde van de taal van Zuid-Australische stammen, was een van de eerste zinnen die hij leerde: 'Ik hunker naar de rode oker.' Boeren rapporteerden dat ze Aboriginalmannen honderden kilometers door de rimboe zagen trekken; ze liepen maanden door desolate landschappen en doorkruisten gebieden van vijandelijke stammen, alleen maar om een okermijn te bezoeken. Zodra ze er waren, lieten ze zich op hun knieën vallen, kusten de grond en huilden alsof het een kwestie van leven en dood was geweest om daar te komen.

Rode oker, tot poeder vermalen en met water, orchideeënsap,

urine of bloed vermengd om verfstof te maken, stond centraal in alle religieuze rituelen van de Aboriginals. Ze gebruikten het om heilige afbeeldingen aan te brengen op de rotswanden van schuilplaatsen, en sommige daarvan zijn na 35.000 jaar nog altijd levendig van kleur; ze smeerden het voor een gevecht op hun schilden en voorzagen speren en boemerangs van oker voordat ze op jacht gingen. Jonge mannen en vrouwen die hun initiatie als volwassenen ondergingen werden met oker beschilderd, en hetzelfde gebeurde met de lichamen van overledenen. Toen archeologen het oudste graf in Australië opgroeven, van een man die 60.000 jaar geleden aan de oevers van het Mungomeer werd begraven, bleek zijn skelet overdekt met het rode mineraal.

Oker verbindt de Aboriginals met hun mythologische tijdperk van de schepping, een ver en vaag verleden dat de Droomtijd wordt genoemd, toen het continent dat we nu Australië noemen een vormeloos, ongerept gebied was. In de Droomtijd werd het land bevolkt door de Voorouders: reusachtige en sterke dierlijke wezens die langs verschillende paden door het landschap trokken en alle heuvels, rivieren, rotsblokken en bomen creëerden. Rode oker was het bloed van de Voorouders, werd gezegd: overal waar zich in het land een laag oker bevond was een van hen gestorven. Door de oker op te graven, op een voorwerp te smeren, er rotstekeningen mee te maken of hun huid ermee te beschilderen, eigenden de Aboriginals zich het wezen van de Voorouders toe.

Die eerste avond in het kamp van de Hamletts vertelde de familie me het Droomtijdverhaal over de schepping van Wilgie Mia. Een van de Voorouders, een rode kangoeroe (*marlu* in het Wajarri), sprong vanaf de kust naar het binnenland waar hij door een jager met een speer werd getroffen. De gewonde marlu sprong verder maar begon bloed te verliezen, dat in kleine rode spetters op de aarde viel. De sprongen van de marlu werden steeds korter en zwaarder: op elke plek waar hij landde ontstond een heuvel, terwijl het bloed uit zijn wond lekte.

'De oude marlu sprong nog verder,' zei Colin, die zijn vinger door de lucht op en neer bewoog. 'En toen maakte hij een laatste sprong.' Daarmee schiep hij de heuvels op de plek waar zijn ingewanden op de aarde vielen en zijn bloed werd het dieprode oker van Wilgie Mia.

In het verleden moest je voordat je Wilgie Mia mocht bezoeken om oker te verzamelen het rituele pad van de marlu afleggen, vertelde Colin verder. Om me de rituelen van de oker bij te brengen zouden de Hamletts mij ook niet direct naar de mijn brengen; ik moest de stappen van het oude ritueel volgen. Het raadselachtige woord dat ze ervoor gebruikten was *songline*: ik moest de songline van de marlu te voet volgen.

De volgende ochtend vertrok ik al vroeg vanaf de uiterste rand van de Weld Range om een groot keteldal tussen de rode bergkammen van de Vivienne's Granites over te steken. Ik liep naast Co-

lins kleinzonen Kenny en Gordon, zijn zoon Muddy en diens hond Oscar. De zon klom hoger aan de hemel en we begonnen allemaal te zweten.

'Je kunt beter met een stok lopen, maat,' zei Muddy. Hij sprak in snelle, raspende stoten, altijd met één oog dicht, wat hem de uitstraling van een vrolijke piraat gaf.

'Waarom?' vroeg ik.

'Dingo's,' antwoordde hij. 'En slangen. En *bungarra*,' voegde hij eraan toe, de benaming van de Wajarri voor een bijzonder grote hagedis, de 'sand goanna' of Goulds varaan.

Zoals zoveel van de West-Australische outback was het keteldal een desolaat, onheilspellend gebied. We liepen langs hopen door de zon gebleekte kangoeroebotten en termietenheuvels die als puntige rode kastelen uit de grond oprezen. Met elke vlaagje wind kronkelden er rode stofduivels over de bodem van het dal. De plek was zo onherbergzaam dat het me verbaasde toen Muddy op sporen van prehistorische bezoekers wees. Als eerste een paar tekens die in een rotsblok waren gekrast, daarna een handjevol vuistbijlen op de grond. Toen mijn ogen zich aan het landschap hadden aangepast werd het duidelijk dat we een heel veld doorkruisten met maalstenen, kapotte stenen bijlen, oude kampvuren met de schalen van emoe-eieren nog in de as, en zelfs een waterplaats met afgesleten randen waar bezoekers duizenden jaren lang hadden geknield om te drinken. In het verleden was dit een verzamelplaats geweest. De marlu-Voorouder sprong volgens het verhaal door dit dal op zijn route naar Wilgie Mia.

'De *yamaji* kwamen hierlangs,' zei Muddy met het Wajarri-woord voor 'mensen'. 'We zijn nu op de songline.'

De songlines – een term die antropologen in de jaren veertig van de vorige eeuw al gebruikten, maar die in de jaren tachtig populair werd door de reisverhalen van de Engelse Bruce Chatwin

– vormen een raadselachtig spiritueel systeem dat ontelbare millennia binnen de cultuur van de Aboriginals werd doorgegeven. Een songline is het pad dat een Droomtijd-Voorouder volgde – een emoe, wallaby, dingo of marlu – toen ze over het oercontinent bewogen en het landschap creëerden. Er lopen duizenden songlines als de draden van een enorm netwerk kriskras over Australië, door de lege woestijn van de Australische outback, langs de rotsachtige zeekusten, en door de schaduwrijke bossen. Sommige lopen helemaal van de ene naar de andere kant van het continent. Een songline is een fysiek pad, als de route op een kaart, dat de Aboriginals hielp de weg te vinden tussen de heilige oriëntatiepunten. Maar op een manier die de westerse concepten van tijd en plaats in verwarring brengt, is het tegelijkertijd een verhaal, de sage van de heilige tocht van de Voorouders. Het is alsof de Bijbel, de Ilias of de Mahabharata geen boeken zouden zijn die je per bladzijde leest, maar verzamelingen van paden op aarde, die je in hun volle lengte moet aflopen terwijl je het verhaal zingt op de maat en het ritme van je passen en de contouren van het land. Songlines worden maar zelden met buitenstaanders besproken en hoewel de Hamletts erin hadden toegestemd om me die van de marlu te laten zien, zou er veel ongezegd blijven: er was kennis verloren gegaan en andere kennis was te heilig om te delen.

De rituele pelgrimage over de songline naar Wilgie Mia was als een uitgebreide choreografie en duurde oorspronkelijk een aantal weken. De okerdelvers – een klein groepje mannen, want vrouwen mochten de okermijnen niet binnengaan – vertrokken van grote afstand, misschien wel honderden kilometers van de mijn vandaan. In het ritme van de songline van de marlu zongen ze het verhaal van de Voorouder en gaven zo een 'realtime'-verslag van alle beproevingen en avonturen. Zodra de groep dichter bij de mijn sporen van oker in het landschap begon tegen te komen, vegen rood pigment die door vroegere okerexpedities waren achtergelaten, werden de rituelen intenser, de ceremonieën strikter en complexer.

Een verslag uit 1904 van een okerexpeditie naar de mijn Yerkinna in het zuiden van Australië geeft een levendige indruk van hoe de tocht naar Wilgie Mia in zijn werk zou zijn gegaan. De leden van de groep, mannen van de Kuyani-stam, liepen de songline in vijf weken. Voordat ze hun eindbestemming bereikten, lieten ze eten en drinken staan, schoren na het vasten al het haar van hun lichaam en smeerden hun romp in met het vet van een leguaan. Op de laatste avond was slapen verboden. Ze bleven de hele nacht tot het ochtendgloren dansen en renden vervolgens door de ingang van de mijn. Als ze deze ceremonieën niet correct uitvoerden, had dat ernstige gevolgen. In de jaren zeventig van de negentiende eeuw had een groep okerdelvers die de Yerkinnamijn bezocht niet het exacte protocol gevolgd: toen ze de mijn binnengingen stortte het dak in en vond iedereen de dood in de

rode oker, op één man na. Achteraf werd gezegd dat de geesten die de mijn bewaakten, versies van de Mondongs, beledigd waren geweest en wraak hadden genomen.

We waren op weg naar de buitenrand van het keteldal en werden toen we langs de heuvelkam liepen door een wolk vliegen gevolgd. Oscar ging achter hagedissen in de struiken aan. Een witte uil liet me schrikken toen hij plotseling klapwiekend uit een spleet in de rotsen opsteeg. We hadden nog niet lang gelopen toen Gordon zich op handen en knieën liet vallen en in een kleine nis kroop. Hij gebaarde dat ik hem moest volgen.

'*Holy shit*,' zei ik, het donkere gat in kruipend. Ik hoorde Kenny en Muddy voor de opening luid lachen.

Ergens in het verleden had een Aboriginal zijn hand tegen de rotswand gezet en er oker overheen geblazen waardoor er een handafdruk ontstond. Ik kroop er dicht naartoe.

'Dat is het bloed van de marlu,' zei Muddy.

Verderop kropen we in een andere opening en vonden nog een handafdruk in oker. In de volgende nis nog twee afdrukken, waarvan een met een kromme duim. Even later volgden we de heuvelkam en vonden we nog tientallen afdrukken. Onder een struik lag een met oker bevlekte maalsteen. Op een wand onder een overhangende rots een okerafdruk van twee boemerangs, met de gebogen delen naar elkaar toe. Overal waren tekenen van bezoekers die via deze route op en neer waren gegaan en hun bewegingen in oker hadden vastgelegd, als een zachte rode penseelstreek over het land.

Op zeker moment zag ik in een uitsparing in de rots naast een okerafdruk een kunstig in elkaar gevlochten takkenbosje dat op een vogelnest leek. Ik kroop ernaartoe om beter te kijken, maar Kenny fluisterde snel: 'Dat kun je beter niet aanraken.'

Toen ik me omdraaide stonden Kenny, Gordon en Muddy me zwijgend en ernstig aan te kijken.

'Dat zijn zaken van de zwarte man,' zei Muddy.

Later die avond, toen we midden in een laag acaciabosje rond een kampvuur zaten, vertelde Kenny me over het takkenbosje. Een paar jaar eerder had zijn neef Brian de heuvels bij de oude mijn verkend en had hij een soortgelijk takkenbosje ontdekt, dat heel strak geweven was. Om het beter te kunnen zien, trok hij het uit de nis en draaide het om en om in zijn handen. Daarna probeerde hij het terug te zetten, maar het was duidelijk dat hij het heilige voorwerp had verstoord. Die avond werd hij ziek en moest hij naar het ziekenhuis, vertelde Kenny. Hij moest drie weken het bed houden.

'Waren het de Mondongs?' vroeg ik. Ik kon het laatste woord van mijn vraag nog net inslikken en voelde me bot en dwaas omdat ik het hardop had willen zeggen.

Kenny reageerde niet en liet niet blijken of hij me had gehoord.

Al zolang we mineralen uit de grond halen is mijnontginning een spirituele daad geweest die vergezeld ging van uitgebreide rituelen en ceremonieën. Oude culturen van over de hele wereld spraken over in de grond verborgen stenen en ertsen als embryonale uitvloeisels van het grotere lichaam van de aarde. In het langzame verloop van de geologische tijd werden ze in de warme aarde gedragen en groeiden en rijpten ze. In het oude Mesopotamië was het Assyrische woord voor 'mineraal' bijvoorbeeld *ku-bu*, wat ook te vertalen is met 'foetus' of 'embryo'. De Cherokee koesterden hun kristallen als bezielde schepselen en voedden ze met het bloed van dieren. Mineralen uit de aarde winnen werd dan ook als een spirituele aantasting beschouwd, te vergelijken met het verwijderen van ingewanden uit een lichaam. Zodra je onder de grond afdaalde met een schep of houweel drong je heilige mysteriën binnen om een daad te verrichten die acuut spiritueel gevaar opleverde.

In vrijwel elke mijn uit de premoderne wereld huisde een of andere aardgeest, een grillig wezen dat soms welwillend, maar vaker wraakzuchtig was. In de mijnen van Oekraïne was het Sjoebin, een geest in een lange bontmantel die de mijnwerkers ofwel naar de rijkste ader bracht ofwel een dodelijke instorting veroorzaakte. Germaanse mijnwerkers fluisterden over wraakzuchtige gnomen en trollen die mineralen in het donker zo fel lieten oplichten dat ze iedereen die naderde blind maakten. In Groot-Brittannië waren het de zestig centimeter grote Knockers die op de wanden klopten, de mijnwerkers ondergronds lokten en vervolgens gevaarlijke gassen uit de wand lieten ontsnappen. Niemand durfde steen of erts uit de aarde te halen zonder eerst uitvoerig met deze wezens te onderhandelen. Net zoals de arbeiders in de zilvermijnen van Bolivia El Tío met lamaharten tevredenstelden en de Aboriginals songlines liepen, hielden mijnwerkers over de hele wereld er uitgebreide verzoeningsrituelen op na. Priesters en sjamanen begeleidden de aanleg van mijnen, er verrezen heiligdommen en tempels bij mijningangen en er werden dierenoffers gebracht. In de Mande-cultuur van West-Afrika zonderde een mijnwerker zich eerst een paar dagen van de rest van de gemeenschap af om zich door vasten en seksuele onthouding te zuiveren voordat hij in de aarde afdaalde om zijn werk te doen.

Als de mijnwerkers van de oude wereld onze moderne praktijken op industriële schaal zouden zien, met machines die reusachtige gaten in de aarde slaan, zouden ze er ongetwijfeld van huiveren. Ze zouden ons ervan beschuldigen een delicate wisselwerking met de aarde roekeloos te doorbreken en op rampspoed en ellende aan te sturen. Elke keer dat een mijn instort en honderden mannen opgesloten raken, elke keer dat er brand woedt in de onderaardse galerijen en mijnwerkers levend verbranden, elke keer dat chemicaliën uit de mijn een rivier vergiftigen of een plaatselijke gemeenschap ziek maken zouden ze op onze heiligschennis wijzen, op ons verzuim om de geesten tevreden te houden.

Het was laat, de sterren stonden aan de hemel en we hadden net kangoeroestoofpot gegeten. Dawn had erop gestaan dat ik de staart zou krijgen, het malste gedeelte. De resten van het dier dat Colin vanuit de cabine van zijn pick-up een paar uur eerder had geschoten, waren over de takken van een nabije boom gehangen. Iedereen leunde achterover op zijn of haar stoel en de sigaretten gingen rond. Muddy wreef over zijn buik en fluisterde zangerig 'sweet mar-lu', waarbij hij de laatste lettergreep rekte: *loeoe*.

Colin had me verteld dat ik Wilgie Mia de volgende ochtend zou bezoeken. Hij begon te krakkemikkig te worden voor de steile afdaling in de mijn, zei hij, en dus zou Brendan mijn gids zijn.

Van zijn zonen kon Brendan volgens hem het best voor het land spreken. In zijn vrije tijd sneed hij speren en boemerangs en als de Wajarri als stam bijeenkwamen was het Brendan die de dansen leidde.

Mijn aangewezen gids zat nu naast me en gaf me een pakje shag door. 'Als je morgen heel stil bent in de mijn,' zei hij zo zacht dat ik me naar hem toe moest buigen om hem te verstaan, 'dan hoor je de oude Mondongs zingen.' Hij deed op zachte toon de zang na, een laag, klaaglijk vibrerend gejammer achter uit zijn keel.

Iedereen zweeg weer, totdat Colin het woord nam. Zijn glimlach was net te zien onder de rand van zijn hoed. 'De Mondongs zien eruit als oude zwarte mannen, alleen zijn ze kleiner. Ze vertonen zich spiernaakt en verschijnen en verdwijnen pijlsnel.'

Vanaf dat moment kwamen de verhalen over de Mondongs los in de kring. Dawn vertelde over een antropoloog die in de buurt van Wilgie Mia aan het werk was toen er een kleine naakte oude man met een donkere huid aan de rand van de mijn verscheen. Hij keek woedend naar hem en begon een naargeestig lied te zingen. De antropoloog sprong in zijn auto, scheurde weg en kwam nooit meer terug.

Colin vertelde een soortgelijk verhaal over een vrouwelijke antropoloog die beweerde dat er een oude man aan haar was verschenen die haar beval te vertrekken en eiste dat ze haar voetstappen in Wilgie Mia zou uitwissen. Ook zij verliet de heuvels om nooit meer terug te keren. Colin en Dawn begonnen zacht te lachen en de zonen en kleinzonen grinnikten mee.

Muddy vertelde over de keer dat zijn vrouw zonder het te weten een Mondong in haar auto had meegenomen naar de stad. Mensen vroegen haar naar de kleine oude man op de passagiersstoel naast haar – maar zij had niemand meegenomen. Op dat moment barstte de hele familie los in daverende lachsalvo's; ze proestten hun bier uit, leunden achterover op hun stoel en sloegen op de tafel.

Ik luisterde alleen maar, in de war vanwege de toon van de verhalen en onzeker over hoe ik moest reageren. Hoe bedreigend ze naar verluidt ook waren, de Hamletts spraken met een warme weemoed over de Mondongs, alsof ze oude familieverhalen ophaalden.

Colin kon zijn vrolijkheid net lang genoeg bedwingen om te vertellen wat er een paar jaar eerder was gebeurd, toen een groep Wajarri naar Wilgie Mia kwam als onderdeel van een vergadering van de gemeenschap. Overdag daalden ze allemaal af om de heilige mijn te bezoeken, maar zodra de zon onderging en de duisternis inviel, wilde niemand er meer in de buurt komen. De groep sloeg zijn kamp op zo'n anderhalve kilometer van de mijn op en iedereen huiverde in het donker, doodsbang voor de Mondongs. Alle Hamletts gierden het nu uit en vielen bijna van hun stoelen terwijl ze de tranen uit hun ogen veegden. 'Al die bange zwarte mannen die met zijn tweeën gingen pissen!' huilde Colin van het lachen.

Langzaam drong het tot me door dat ik uit deze verhalen dezelfde bezorgde dubbelzinnigheid hoorde als bij El Tío in Potosí, waar de angst ook vermengd was met een bijna familiaire intimiteit.

Het lachen stierf al snel weg en Colin viel stil. Zijn gezicht betrok onder de rand van zijn hoed. 'Maar reken maar dat ze er zijn,' zei hij met een vlakke stem waarin iets van dreiging doorklonk. Hij nam een trek van zijn sigaret en keek me aan. 'Je moet alleen weten hoe je met ze moet omgaan.'

De volgende ochtend reden we in een lichte ochtendmist schuddend en bonkend in Colins pick-up door de wildernis naar de voet van de Wilgie Mia, die abrupt als een vuurrode vulkaan in een film

uit de aarde oprees. Brendan en ik pakten onze uitrusting en mijnwerkerslampen uit de wagen, terwijl Colin en Dawn in gezelschap van Baby stoelen en een thermosfles koffie in de schaduw van de pick-up neerzetten. Overal op de grond om ons heen lagen splinters die van stenen gereedschappen waren geslagen, sporen van de bezoekers die in de afgelopen duizenden jaren de mijn hadden bezocht. Er werd niet veel gepraat. Met een warm gebaar dat me verbaasde gaf Colin me een knipoog. Hij had erop aangedrongen dat we kort na zonsopgang zouden arriveren, wanneer de kleur van de heuvels op zijn levendigst was.

Brendan en ik begonnen de helling te beklimmen. Colins pick-up verdween in de diepte terwijl het landschap van de hele Weld Range zich rondom ons ontvouwde. De route van de songline kronkelde door de heuvels, en elke piek markeerde een plaats waar de marlu-Voorvader had gesprongen. We klommen over rood met zwart gemarmerde rotspunten die het zuiverste ijzererts van de hele Weld Range bevatten, het materiaal dat Sinosteel zo graag zou willen delven. 'Ze zullen het nooit in handen krijgen,' zei Brendan. 'Meer kans dat je vanaf hier de maan kunt bepissen.'

Hij bereikte de top van de heuvel als eerste. 'Hier is ze,' zei hij zacht. Ik klom naast hem en keek in een gapend rood gat dat dieper in de aarde doorliep dan ik kon kijken. Ik was stomverbaasd over de kleur. Het hele landschap van de Weld Range vertoonde levendige kleuren, van paarsrode kloven bij zonsondergang tot dieprode regenpoelen, maar dit was een kleur van een heel andere orde. Het was het rood van lava, het rood van de baarmoeder – het voelde alsof dit de plek was waar rood zijn oorsprong vond.

Misschien was het de diepe schok van de kleur, of de vreemde dierlijke warmte die uit de diepte opsteeg, of misschien was ik wel gewoon slaperig op dat vroege uur, maar toen ik over de rand van de mijn naar beneden keek, had ik even kunnen zweren dat ik iets zag bewegen in het halfduister, een kleine, kabouterachtige man die binnen een tel in en uit het zicht was.

Brendan klom over de rand en ik volgde hem. Ik daalde af in de steile put, steunend op mijn handen en met mijn voeten vooruit. Verpulverde oker viel in lange, ritselende golven onder onze voeten weg. Binnen een paar seconden leek mijn hele lichaam rood gevlekt, alsof ik gedoopt werd. Terwijl we afdaalden absorbeerde de zachte oker alle geluiden, waardoor onze bewegingen een droomachtige verstilling kregen: ook onze stemmen klonken gedempt en van ver, alsof ze uit de mond van andere mensen kwamen. De zon rees aan de hemel en het licht viel door de ingang van de mijn naar binnen. De oker glansde en veranderde van kleur, van warm bordeauxrood tot oplichtend paars en felroze. Het leek daardoor alsof de muren bewogen, alsof de hele mijn zachtjes pulseerde. We daalden af door de keel van een levend wezen en werden opgeslokt door de aarde.

Toen we even uitrustten, brak Brendan een klomp oker uit de

muur. Zelfs toen hij die aangaf, aarzelde ik om de heilige stof aan te raken.

'Het is in orde,' zei hij. 'Old Boy wilde dat ik een goed stuk voor je zou pakken.'

De oker was zachter en lichter dan ik had verwacht. Ik sloot mijn hand eromheen en onmiddellijk viel de klomp uit elkaar tot een perfect poeder, met de fijnheid van rouge. Ik drukte het fijn tussen mijn handen, wreef het over mijn vingers – het gloeide in mijn palm.

Halverwege de afdaling pauzeerden we op een richel waar we ons precies op de grens van de schemerzone bevonden, met het licht dat door de ingang viel nog zichtbaar boven ons, en onder ons de absolute duisternis. De intense geur van vleermuisuitwerpselen rees op uit het onzichtbare.

Naast ons op de richel zag ik het karkas van een kangoeroe liggen, de broze huid dieppaars verkleurd.

'Ze springen hier naar beneden, op zoek naar water,' zei Brendan, 'en dan komen ze er niet meer uit.'

Voordat we verdergingen liet hij me even alleen en verdween in een donkere hoek van de mijn. Even later kwam hij terug met een houten stok, grijs-wit als een bot en glad gesleten door jaren van gebruik. Die had hij op een dag bij het verkennen van de mijn in een spleet gevonden, waar die kennelijk bewust in was verstopt. Hij geloofde dat het een graafwerktuig was dat door zijn voorvaderen was gebruikt om oker uit de muren te halen.

Nadat hij de stok weer in zijn bergplaats had teruggezet, daalden we verder af, in de donkere zone van de mijn, waar de Mondongs zingen.

Brendan wees naar de mijnwerkerslamp op mijn helm, die ik moest aanzetten. 'Ik hoop dat je geen last hebt van claustrofobie, mate,' zei hij.

In het duister volgden we het voetspoor van de oude mijnwerkers naar beneden. Het ritueel van het delven werd toentertijd uitgevoerd door een kleine clan van specialisten, okerpriesters, die waren ingewijd in de wetten van het mineraal. De bezoekersgroep, die de songline had gelopen, het droomverhaal van de marlu had verteld en zo 'de weg had geopend', werd door de priesters door een lange tunnel naar het rode hart van de mijn geleid. In het verleden was het dak van de mijn, waar Brendan en ik naar binnen waren gegaan, nog dicht geweest, op een kleine opening na waardoor maar een heel smalle bundel daglicht naar binnen kon vallen. De bezoekers bleven wachten terwijl de priesters in de diepere delen van de mijn afdaalden. Ze volgden de ader met het mineraal, pakten elk een graafgereedschap, misschien een stok zoals Brendan die in de muur verstopt had gevonden, en bewerkten de wanden voorzichtig. Ze verzamelden de omlaaggevallen oker, vermengden het met water en rolden er grote ballen van die ze aan de bezoekers gaven. Terug aan de oppervlakte draaiden de priesters zich om en liepen achterwaarts de mijn uit, waarbij ze hun voetstappen met een bebladerde tak wegveegden om hun sporen voor de Mondongs te verbergen.

Op onze hurken drongen we bukkend en kruipend door de smalle mijntunnels, beiden compleet bedekt met oker; het zat onder onze vingernagels en op onze oogleden. Het werd warmer en warmer, de lucht werd benauwder en de stank van de vleermuismest intenser. Ik hoorde de ruisende vleugels van de beesten die boven onze hoofden heen en weer vlogen. In de wanden zag ik de schraapsporen waar mijnwerkers in het verleden oker hadden uitgegraven.

We pauzeerden even en zaten beiden met de rug tegen de tunnelwand. Ik voelde Brendan naast mij in het donker, we waren beiden gespannen en stil en luisterden of we de Mondongs konden horen.

Na een paar seconden schudde Brendan zijn hoofd. ‘Vandaag niet,’ zei hij. ‘Ze laten ons met rust.’

Ik knikte. Ik zou de zang van de Mondongs niet horen.

Maar daarbeneden in het donker, omgeven door de stilte van de oker, kon ik hun aanwezigheid voelen – net als ik de aanwezigheid van El Tío en van alle andere oude aardgeesten kon voelen die de mijnen overal ter wereld beschermden. Dat wil zeggen, ik kon de specifieke spanning voelen waaruit deze geesten werden geboren. Het gespletene van de afdaling naar deze geheiligde ruimten, met gereedschap in de hand waarmee we in de aarde hakken, maar tegelijkertijd ook in een levend lichaam – hakken om een oud materiaal, iets mysterieus en heiligs en zeldzaams, los te halen en te proberen die vreemde materie uit het duister naar het licht te brengen.

Nadat ik in hun camper koffie had gedronken met Colin, Dawn en Baby reed ik de volgende ochtend vroeg uit Weld Range terug naar Cue. Onderweg passeerde ik een grote, ronkende vrachtwagen die in de richting van de heuvels reed. Een vrachtwagen van Sinosteel, één van een grote stoet die onderweg was naar een klein kampement dat het bedrijf al in het gebied had gebouwd, vanaf Wilgie Mia gerekend aan de andere kant van de heuvels. Het bedrijf popelde om de grond open te breken. Er was veel tijd verstreken sinds de concessie werd verleend en de hele operatie liep al vele jaren achter op schema. Sinosteel had bij elke stap met veel vertragingen en tegenvallers te maken gehad: er waren fondsen verdonkeremaand, infrastructuur was ingestort, plaatselijke politici hadden hun missie in de war gestuurd. Niemand twijfelde eraan dat de boren op een dag over deze weg zouden denderen en de aarde zouden gaan openbreken, maar toen ik met de rode oker nog in de plooien van mijn handpalmen door de heuvels reed, stelde ik me voor dat de Mondongs die in Weld Range rondwaarden hun best zouden doen om de mijnwerkers die de wetten niet hadden geëerbiedigd, die geen respect toonden voor hun heerschappij over de heuvels en het contact met de oude tradities van de aarde waren kwijtgeraakt zo veel mogelijk te dwarsbomen.

5

De tunnelaars

'Als het om het uitgraven van grond gaat,
zijn er geen grenzen aan de dromen.'

Gaston Bachelard, *La poétique de l'espace*

Op een dag in de vroege jaren zestig van de vorige eeuw begon civiel ingenieur William Lyttle, een pezige man met een scherpe kin, in zijn kelder in het noordoosten van Londen een wijnkelder uit te graven. Hij nam een schep mee onder zijn huis en begon door de muur heen te graven. Urenlang schepte hij vochtige aarde weg die hij achter zich gooide tot hij uiteindelijk een ruimte had gecreëerd die groot genoeg was voor een wijnkelder. Maar Lyttle stopte niet. Misschien genoot hij van het ritme van het werk, het geluid van de schep, de geur van de klei, of misschien was het iets heel anders. Hoe dan ook, Lyttle bleef graven. En graven. Maar liefst veertig jaar lang bleef hij graven.

De buren in de wijk Hackney keken toe terwijl Lyttle kruiwagens vol puin uit zijn kelder omhooghaalde en op een berg in zijn achtertuin gooide. In het begin maakten ze er grappen over dat hij een ondergronds zwembad aanlegde, maar de grappen verstomden naarmate de jaren verstreken en Lyttle maar door bleef graven. De berg in de tuin groeide en het huis raakte in verval: kapotte ramen werden niet vervangen, klimplanten kropen over de voorgevel en delen van het dak stortten in. Lyttle droeg altijd dezelfde smerige overjas en liet een wolfachtige baard staan. De buren beweerden dat ze hem 's nachts onder hun tuinen konden horen graven en schrapen als een dier.

In 2006 zakte het trottoir voor zijn huis in. Vertegenwoordigers van de gemeenteraad kwamen poolshoogte nemen en al snel dwaalden ze door een reusachtig netwerk van aarden tunnels die op verschillende niveaus onder het huis liepen, tot tien meter diep. De bijna twintig meter lange tunnels waaierden in alle richtingen uit. Sommige waren laag en smal, andere breed, gestut met op elkaar gestapelde huishoudelijke apparaten. Een van de bezoekers zei dat Lyttle zijn kelder had omgebouwd tot een 'gigantisch mierennest'. Het huis werd onbewoonbaar verklaard en Lyttle werd overgebracht naar een appartement in een flatgebouw dat eigendom was van de stad. Ze zetten hem op de hoogste verdieping, zodat hij niet in de verleiding zou komen om weer te gaan tunnelen.

Toen de pers over de tunnels hoorde, kwam de verwoede graver kort in de schijnwerpers te staan en verschenen er artikelen over de 'Molman van Hackney' in de tabloids. Pubs in de buurt vierden hem als een plaatselijke held, en Londenaren pelgrimeerden naar zijn huis, dat nu in de steigers stond. De stad bracht een plaquette aan op de voorgevel: WILLIAM 'MOLMAN' LYTTLE. TUNNELAAR. WOONDE EN GROEF HIER. Na Lyttles dood in 2010 bezochten raadsleden zijn appartement in het flatgebouw en ontdekten dat hij doorgangen had gemaakt in de muren tussen de kamers.

Ik ontdekte het verhaal over Lyttle kort na zijn dood, toen zijn wonderlijk geperforeerde huis werd geveild. Bij het doorlezen van de interviews die hij in de loop van de jaren had gegeven besefte ik dat de man nooit had verteld wat hem ertoe dreef om gangen te graven. 'Ik ben gewoon een man die van graven houdt,' zei hij tegen een verslaggever. 'Ik wil gewoon een grote kelder,' zei hij tegen een ander. In weer een ander interview merkte hij op: 'Er schuilt grote schoonheid in het uitvinden van dingen die geen doel hebben.' Ik vond een oude foto van Lyttle zittend te midden

van het puin in zijn tuin. Hij zag er woest en vies uit, maar had een bijna gelukzalige uitdrukking op zijn gezicht, alsof hij als tunnelaar in het bezit was van een kostbaar geheim.

En William Lyttle was niet de enige, ontdekte ik. Overal ter wereld waren er mensen die om redenen die ze niet echt konden uitleggen in een soort dissociatieve trance vervielen en hun leven besteedden aan het tunnelen; ze vormden een waar regiment van molmensen. Zo was er Lyova Arakelyan, een man van het Armeense platteland, die tijdens het uitgraven van een aardappelkelder onder zijn huis in de ban raakte en drie decennia lang kronkelende tunnels en wenteltrapopgangen bleef graven. Tegen mensen die hem vroegen waarom hij dat deed zei hij alleen dat hij elke nacht in zijn dromen stemmen hoorde die hem opdroegen om te graven. De entomoloog Harrison G. Dyar Jr. groef onder twee afzonderlijke huizen in Washington D.C. tunnels met een totale lengte van vierhonderd meter. Toen die in 1924 werden ontdekt nadat er een auto door het wegdek was gezakt, vertelde Dyar aan de pers dat hij het 'voor de lichaamsbeweging' had gedaan. In de Mojavewoestijn was de oude William 'Burro' Schmidt tweeëndertig jaar met een pikhouweel bezig om een 636 meter lange tunnel in de flank van een solide granieten berg uit te hakken. ('Gewoon, om een sluiproute te maken.') Dan was er nog de jongeman Elton Macdonald die heimelijk een tien meter lange tunnel onder een stadspark in Toronto groef. De hele stad raakte in rep en roer toen de politie verklaarde dat het mogelijk een schuilplaats van terroristen was. Macdonald maakte zich bekend als de graver, maar kon als verklaring alleen maar aanvoeren: 'Graven ontspant me.' Lord William Cavendish-Scott-Bentinck ten slotte, een negentiende-eeuwse hertog, groef met een ploeg arbeiders een grote tunnelmetropool onder zijn landgoed uit, compleet met een bibliotheek, een biljartkamer en een ondergrondse bal-

zaal van bijna duizend vierkante meter, die helemaal uit klei bestond en die de hertog gebruikte als zijn privérolschaatsbaan.

Toen ik zo de ene na de andere molmens ontdekte, begon ik me een heel nieuw psychologisch syndroom voor te stellen. Een nieuw lemma in de officiële lijst van psychische stoornissen: *perforomanie*, afgeleid van het Latijnse *perforo*, 'graven, gaten maken, tunnelen'. Anders gezegd, ik vermoedde dat de gedragingen van deze molmensen slechts incidentele voorbeelden waren van een veel bredere en diepergewortelde impuls.

Ik las voor het eerst over de tunnelaars van Cappadocië in een oude reisgids voor Turkije. Daarin werden de dungezaaide dorpjes en kleine stadjes op het reusachtige plateau in het hart van het land beschreven. De ondergrond van de regio bestond uit tuf, een zachte steensoort bestaande uit dikke lagen samengedrukte vulkanische as. In de categorie gesteenten was tuf zoiets als Play-Doh: makkelijk te bewerken maar hard genoeg om zijn vorm te behouden, en dus uitstekend materiaal om in te tunnelen. Zoals het beeldhouwen in marmer zijn hoogtepunt bereikte in het Florence van de renaissance, beleefde het tunnelen in het oude Cappadocië zijn grootste bloei.

Onder vrijwel elke nederzetting in de regio, zo las ik, lag een met de hand uitgegraven netwerk van ruimten, onderling verbonden met bochtige tunnels. De reisgids noemde het 'ondergrondse steden'. Sommige complexen waren reusachtig en telden, als een soort omgekeerde kastelen, meer dan tien verdiepingen in de aarde, met ruimte voor duizenden mensen. Er waren honderden van die onderaardse complexen in de regio. Archeologen meenden dat ze in elk geval incidenteel als toevluchtsoord werden gebruikt: bij aanvallen van vijanden trokken de inwoners van dorpen zich veilig onder de grond terug. Verder bleven de tunnelcomplexen echter raadselachtig. Ze werden niet in oude teksten genoemd en leverden maar weinig archeologisch materiaal op. Sommige waren terug te voeren op vroege christenen die in de derde en vierde eeuw in Cappadocië woonden, maar andere waren veel ouder en stamden uit vage prehistorische tijden. In een van de verhalen werden de tunnels in verband gebracht met een oude Perzische koning, Yima, die zijn koninkrijk tegen een komende ramp wilde behoeden en een reusachtige ondergrondse schuilplaats met verschillende niveaus en bochtige tunnels liet uitgraven. Mijn aandacht werd getrokken door een kleine illustratie in het reisboek, een dwarsdoorsnede van een van de onderaardse steden, een verbazingwekkend labyrint vol mensen die in de tunnels aan het graven waren. Dit was een hele cultuur van voorgangers van William Lyttle en de molmensen die hun leven hadden gewijd aan het graven van tunnels.

Ik kwam met de nachtbus uit Istanboel in Cappadocië aan. Toen ik in Göreme uitstapte, een stadje in het hart van de regio, knipperde ik met mijn ogen en vol verbazing staarde ik naar het landschap.

Miljoenen jaren wind en regen hadden de tufsteen in crèmekleurige stenen heuvels veranderd die geologisch onwaarschijnlijk leken, het leek op een kindertekening van een vreemde planeet. Vlak achter het busstation stond een groepje stenen obelisken die de *peri bacalari* werden genoemd, de 'elfenschoorstenen'. Afhankelijk van wie je sprak, brachten de elfenschoorstenen geluk of werden ze bewoond door wraakzuchtige elfen en moest je ze koste wat kost vermijden.

Mijn uitvalsbasis was Emre's Cave House, een hostel aan de rand van de stad met een aantal kamers die uit een rotsheuvel waren gehouwen. Het was het goedkoopste adres in de buurt, een beetje verlopen, met een haveloos zwembad op de patio. De manager en naamgever van het etablissement was een melancholieke man met een dikke buik die rode wijn dronk en de vrouwelijke gasten foto's liet zien van zijn paard, dat hij op een nabije boerderij hield.

Elke dag vertrok ik vanuit Göreme om een andere ondergrondse stad te bezoeken. Een paar lagen aan busroutes, maar de meeste bevonden zich in afgelegen dorpen. Ik trok over lange, kronkelige wegen waar vrachtwagenchauffeurs en boeren me een lift gaven. De namen van de dorpen – Özkonak, Derinkuyu, Kaymakli – waren even grillig en exotisch als het landschap zelf. In Istanboel had ik een boek over de plaatselijke archeologie op de kop getikt, geschreven door de historicus Ömer Demir. Dankzij zijn grote liefde voor de ondergrondse steden – en het eigenaardige Engels van de vertaling – was hij een onderhoudende begeleider van mijn reis.

Op een nevelige ochtend kwam ik in Özlüce aan, een klein dorp midden in een vulkanisch gebied. Ik arriveerde vanaf de hoofdweg en ontmoette een oude vrouw in een wijde broek, met een hoofddoek om. Ze veegde de gang in haar woning aan terwijl er grijze rook uit de schoorsteen boven haar hoofd opsteeg.

'*Yeralti sehri?*' vroeg ik, Turks voor 'ondergrondse stad'. (Mijn Turks beperkte zich tot: 'hallo', 'hoe gaat het met u?', 'dank u', 'tot ziens' en 'ondergrondse stad'.) Ze wenkte dat ik haar moest volgen en bracht me naar een klein gebouw waarop een in krijt geschreven markering stond: 'underground city'.

Eenmaal binnen zette ik mijn mijnwerkerslamp aan een daalde via een in de rots uitgehouwen trap af naar een wirwar van aardedonkere ruimten. De wanden waren karamelkleurig en de lucht was zo vochtig en koud dat mijn adem te zien was. Ik ging langzaam verder, kroop op handen en knieën door lage doorgangen, perste me door nauwe gangen en bukte onder gewelfde plafonds.

Er waren een stuk of vijf, zes kamers, in afmetingen variërend van een bezemkast tot een garage voor vier auto's, onderling verbonden met smalle tunnels. Alles was ruw uitgehakt, maar zonder scherpe hoeken, alleen zachte amoebeachtige vormen. De

kamers waren stoffig, hingen vol met spinnenwebben en roken naar schimmel. Het was lang geleden dat iemand hier een voet in had gezet. Na een halfuurtje wist ik niet goed wat die ruimten precies te betekenen hadden. Ze voelden koud, vreemd en leeg aan. Nergens zag ik tekenen van het collectieve graven dat ik op de afbeelding in het reisboek had gezien – en zeker geen aanwijzingen voor de diepe wortels van onze impuls om tunnels te graven. Ik zocht op de verkeerde plek, leek het, of misschien keek ik op de verkeerde manier naar de ruimte.

Op de terugweg zag ik naast de ingang een stenen schijf zo groot als de band van een monstertruck. Het gevaarte moest meer dan duizend kilo wegen. De schijf stond recht overeind in een uitsparing. Wanneer er een invasie was, aldus Ömer, trokken de dorpelingen zich onder de grond terug en rolden ze de steen voor de deur om de stad vanaf de binnenkant af te sluiten. Zulke molenstenen bewaakten de ingangen van alle ondergrondse steden in de regio.

In alle ondergrondse steden die ik bezocht maakte ik plattegronden en diagrammen, noteerde ik de voorwerpen die ik tegenkwam, maakte ik foto's van elke tunnel en kamer, en liet ik mijn hand over elke molensteen gaan. Ik kon uren onder de grond blijven, totdat mijn vingers gevoelloos werden. Maar hoelang ik ook zocht, ik had altijd het gevoel dat ik op een verkeerde manier keek, alsof een deel van de ontstaansgeschiedenis van de ondergrondse steden me ontging. Soms zat ik na een urenlange verkenningstocht in een diepe kamer, klopte met mijn knokkels op de wanden en luisterde of er verschillen in het geluid te horen waren, op zoek naar een verborgen kamer die misschien een aanwijzing bevatte.

Op een middag ontmoette ik in het dorp Özkonak de oude boer Latif die zelf een ondergrondse stad had ontdekt. Hij was de imam van het dorp en sprak met een zware, resonerende stem. Latif had maar één arm, de andere had hij als kind na een val uit een boom verloren. Hij vertelde dat hij op een dag in 1972 door zijn velden liep en zag dat er water in de ondergrond verdween. Hij begon in de grond te prikken, legde een opening bloot en voelde koele lucht tegen zijn gezicht. Daarna bleef hij graven: de ene kamer leidde naar een andere, die weer naar een volgende leidde, dieper en dieper in de grond. Ik vroeg hem hoe het voelde om zo'n ontdekking te doen en die wonderlijke structuur aan het licht te brengen. Hij liet zijn gebedskralen door zijn vingers gaan, keek me een moment nadenkend aan en zei toen iets wat me compleet verraste. 'De ondergrondse steden zijn niet zo vreemd,' zei hij. 'Ze zijn overal. Het is een heel oude gewoonte om zulke ruimten uit te graven. Het is iets natuurlijks.'

Het eerste complexe dier uit de geschiedenis van het leven op aarde was een tunnelaar. *Ediacarische biota* waren kleine, raadselachti-

ge creaturen die 542 miljoen jaar geleden leefden. Het waren de eerste zuurstofademende, meercellige organismen, de eerste verschijningen in wat paleontologen het fanerozoïcum noemen, ofwel de 'eon van het zichtbare leven'. Ze leefden op de bodem van de oceaan en groeven tunnelcomplexen waarin ze zich verscholen. Paleontologen hebben in alle uithoeken van de planeet fossielen gevonden van hun tunnels, prachtige spookachtige ontwerpen die 'sporen' worden genoemd.

Sindsdien is het tunnelleven een van de succesvolste bestaansvormen binnen de evolutie geworden, een strategie die wezens in staat stelt roofdieren af te weren, hun jongen te beschermen en beschutting tegen de elementen te zoeken. Dieren op alle niveaus en in elke leefomgeving waren en zijn succesvol als tunnelaars, van vissen die zich in de zeebodem ingraven tot vogels die hetzelfde in de woestijn doen. Sterker nog: de creaturen die bij biologen bekendstaan als 'de meest succesvolle landdieren uit de geschiedenis van het leven op aarde' zijn tunnelaars: de mieren. De mieren, die overal op de planeet al 100 miljoen jaar goed gedijen, maken ruwweg 15 procent van de totale levende biomassa op aarde uit. Ze opereren vanuit reusachtige, ingenieus gebouwde onderaardse nesten, waarvan sommige wel tien meter diep zijn en het oppervlak beslaan van een klein huis, met honderden ingangen en duizenden kamers, elk met een specifieke functie: sommige dienen voor voedselopslag, andere om afval te dumpen, weer andere zijn kraamkamers voor het nageslacht.

Volgens alle evolutionaire logica zouden mensen niet moeten tunnelen. We zijn groot, lopen rechtop, hebben lange ledematen en ons leven is afhankelijk van een overvloed aan lucht en licht. Fysiologisch gezien is er geen milieu zo onverdraaglijk voor ons als een kleine, donkere, ondergrondse ruimte waarin zuurstof schaars is. In een tunnel leven is claustrofobie in haar

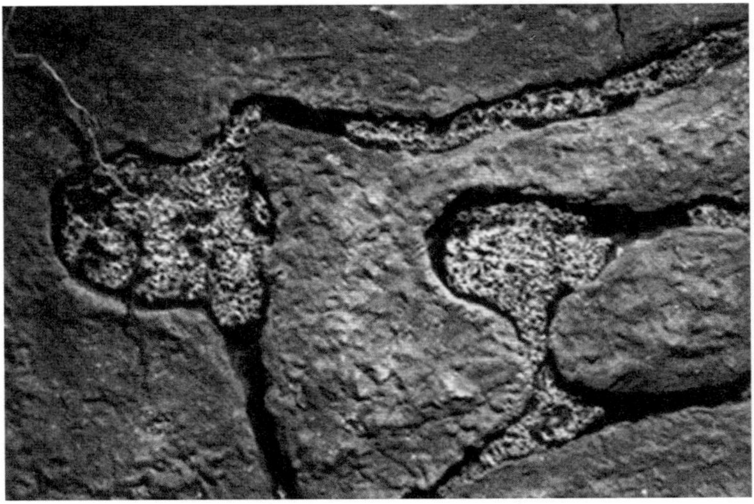

meest uitgekristalliseerde vorm, alsof je jezelf opsluit in een graf.

En toch hebben we door alle eeuwen heen en in alle uithoeken van de wereld tunnels gegraven. Tijdens oorlogen en conflicten, tijden van uiterste wanhoop, hebben we ons in het donker ingegraven, ons opgesloten in de 'dikte van de planeet' zoals de filosoof Paul Virilio in zijn studie *Bunker Archaeology* over onderaardse vluchtplaatsen schrijft. De bewoners van Malta groeven in de zestiende eeuw labyrintachtige netwerken onder hun steden uit om de binnenvallende Turken te weerstaan, de Vietcong legde een halve eeuw geleden een spinnenweb van tunnels onder het oerwoud aan en de miljardairs in het huidige Silicon Valley bouwen monumentale luxe bunkercomplexen in afwachting van de Apocalyps. Het is een van de oudste verhalen uit de geschiedenis. De profeet Jesaja beschrijft de dag waarop God zijn toorn over de ongelovigen uitstort: 'Men schuilt weg in rotsspelonken, in holen in de grond, op de vlucht voor de vreselijke macht van de Heer, voor zijn geduchte majesteit.'

De grootste tunnelrage van de moderne tijd deed zich in de Verenigde Staten voor tijdens de Koude Oorlog. De Russen en Amerikanen hielden – als 'twee schorpioenen in een fles' zoals J. Robert Oppenheimer schreef – zenuwachtig de vinger boven de lanceerknop van hun raketten. De enige manier om de dreigende explosie van een atoombom te overleven, besloot men, was om ondergronds te gaan.

In de buitenwijken van grote steden namen gezinnen de schep ter hand en groeven in hun achtertuin atoomschuilkelders die ze

bevoorraadden met watercontainers en overlevingsbiscuits, ook wel '*atomic crackers*' genoemd. Honderden bedrijven boden kant-en-klare persoonlijke schuilkelders aan, die net als campers en jacuzzi's in verschillende uitvoeringen verkrijgbaar waren, van 'basis' tot 'luxe'.

Het stadje Artesia in New Mexico bouwde een onderaardse school. Het enige zichtbare onderdeel was de speelplaats. Onder de grond waren klaslokalen voor 420 leerlingen en, in het geval van een nucleaire aanval, schuilplaatsen voor 2000 burgers. De inloopkoelruimte van de kantine kon worden omgebouwd tot een mortuarium. 'Het is een gek gevoel om onder de grond te zitten, maar je weet dat je veilig bent,' zei een leerling tegen een verslaggever van de krant.

In New York City boog het stadsbestuur zich ondertussen over het Manhattan Shelter Project, een voorstel voor de bouw van een 250 meter diepe schuilkelder waarin de hele populatie van Manhattan – op dat moment vier miljoen mensen – negentig dagen moest kunnen verblijven. Het ontwerp voorzag in tweeënnegentig ingangen, om ervoor te zorgen dat alle inwoners van Manhattan binnen dertig minuten achter de bomvrije deuren konden zitten.

'Nooit eerder is er in Amerika zoveel aarde door zoveel mensen zo koortsachtig uitgegraven,' schreef een journalist in die tijd, en in *The New York Times* werd de volgende scène beschreven: 'Afgelopen week werd een zesjarige jongen aangetroffen die bezig was een gat te graven in het gladde gazon voor zijn huis. "Wat ben je aan het doen?" vroeg zijn geschrokken moeder. Zonder te stoppen antwoordde de jongen: "Ik graaf een gat in de grond om me te verstoppen voor de bom."'

Critici uit die tijd beweerden dat je ingraven onnatuurlijk was, eerder een dierlijke impuls dan een menselijke. 'Dat we toegeven

aan het grafgraven,' zoals een schrijver het noemde, was een omkering van de ontwikkelingsgang van onze soort. 'Toen de primitieve mens zijn grot verliet en in het licht trad,' schreef hij, 'was het de bedoeling om verder te gaan, in opwaartse richting, niet om terug te keren.' En toch stonden we daar, grepen naar de schop en gooiden kluiten aarde in de lucht, alsof we allemaal door dezelfde trance bevangen werden als William Lyttle, al tunnelend onder zijn huis.

Na mijn gesprek met Latif bezocht ik de ondergrondse stad Derinkuyu, de grootste van allemaal. Midden in een winderig veld daalde ik via een lange stenen trap tien meter onder het aardoppervlak af. Vanaf het moment dat ik de molensteen bij de ingang passeerde, voelde ik een stevige luchtstroming van beneden komen, wat op een uitgebreid en diep netwerk wees.

Ik liep door een kamer die volgens Ömer een veestal was geweest, ging door een tweede en kwam vervolgens in een grote kamer die ooit als keuken had gediend. In het midden van de vloer was een kleine put voor een kookvuur en in de wand zaten nissen voor kaarsen. De kamer ernaast was een opslag voor graan in aardewerken kruiken. Er zaten ventilatiegaten in het plafond waardoor koele lucht naar binnen kwam, en diepe putten in de vloer die reikten tot het grondwater. Verderop kwam ik langs een slaapzaal, gevolgd door een grote kamer die volgens Ömer als klaslokaal was gebruikt. Er was maar een klein deel van de ondergrondse stad van Derinkuyu hersteld en toegankelijk gemaakt voor bezoekers. In het verleden telde het complex niet minder dan achttien verdiepingen, met honderden kamers, ventilatieschachten en meer dan veertig ingangen, waarvan de meeste nu onder moderne gebouwen waren verdwenen.

Terwijl ik door Derinkuyu liep en de ruwe kokervormige tun-

nels van het uitgebreide netwerk zag, gaf de enorme schaal ervan me het gevoel dat ik tot een miniatuurwezen was gereduceerd. Van kamer naar kamer dwalend stelde ik me voor dat ik ieder moment een gang in kon lopen waar ik door een golf mieren zou worden opgepakt om in ijltempo door het duister te worden vervoerd.

Het was een gevoel dat bleef nawerken toen ik weer aan de oppervlakte kwam en niet ver van Derinkuyu een drooggevallen

smalle rivierbedding in liep. Erosie had een deel van de tunnelstad laten instorten waardoor er een dwarsdoorsnede was ontstaan die zich bijna anderhalve kilometer lang als een perfecte röntgenfoto van de onderaardse architectuur uitstrekte.

Terwijl ik langzaam door de rivierbedding liep, kon ik er niet omheen dat ik een onthutsende gelijkenis zag tussen de dwarsdoorsnede van deze stad en die van een mierennest.

Nadenkend over de wonderlijke architectonische overeenkomsten volgde ik de rivierbedding verder tot het begon te regenen. Daarop liep ik naar een van de oevers om onder het uitstekende plafond van een ruimte in de oude ondergrondse stad te schuilen en naar de regendruppels te kijken die voor mij op de stoffige bodem vielen. Er schoot me een regel van Democritus te binnen, die zegt: 'In de belangrijkste zaken is de mens leerling van de dieren.' Ik vroeg me af of de constructies van de mier en het menselijke spiegelbeeld daarvan het resultaat waren van zo'n soort leerschool, een verspreiding van ideeën tussen de soorten. Het deed me denken aan een oude mythe van de Hopi-stam, die vertelde dat er in een ver verleden een reusachtige brand uitbrak op het land, die de mensen bijna vernietigde, maar dat ze op het laatste moment werden gered door de mieren. Toen het vuur in aantocht was, kwamen de mieren en gaven de mensen toegang tot hun nesten en boden hun veiligheid in de tunnels onder de aarde, totdat het vuur luwde. Toen de mensen weer boven de grond kwamen en hun leven weer begonnen op te bouwen, bleven ze de mieren eeuwig dank verschuldigd.

Hoe dan ook, de overeenkomsten bleven me bezighouden en eenmaal weer thuis in Amerika reisde ik naar Tallahassee in Florida om een entomoloog op te zoeken die de architectuur van mierennesten bestudeerde.

Walter Tschinkel haalde me op een benauwd warme ochtend op in Tallahassee, waarna we naar zijn onderzoeksstation in het Apalachicola National Forest reden. Hij was achter in de zestig en had zijn halve leven mieren bestudeerd. Onderweg praatten we over zijn jeugd in Alabama, waar hij de vele grotten dicht bij zijn huis had verkend en mieren had gevolgd, maar de conversatie verstomde en al snel reden we in stilte verder. Ik voelde aan dat hij een zwijgzame, nuchtere man was, en ik besloot de echte reden voor mijn komst nog even te verzwijgen en niet direct te beginnen over de molmensen, de ondergrondse steden en mijn vragen over onze impuls om tunnels te graven.

Tschinkels onderzoeksstation was een zanderige, open plek omgeven door lage struiken en bomen, waar zich nesten van twee mierensoorten bevonden: *Paratrechina arenivaga* en *Aphaenogaster floridana*. Om de actieve nesten te lokaliseren legden we stukjes knakworst op de grond en wachtten tot de mieren verschenen. In de jaren dat hij de architectuur van de nesten bestudeerde en probeerde te begrijpen hoe de mieren de verschillende onderdelen precies gebruikten, was het voor Tschinkel een frustratie geweest dat je nooit echt een nest kon zíén, omdat je het, zodra je het ging opgraven, ook vernietigde. Zijn oplossing was om metalen afgietsels van de nesten te maken.

We smolten stukjes zink van oude anodes die hij op scheepswerven verzamelde in een smeltketel die hij zelf gemaakt had. Daarna trokken we dikke ovenhandschoenen aan, droegen de ketel naar de beide nesten en goten de gesmolten zink in de ingang. De hete zilverkleurige vloeistof verdween onder de grond, waarbij de bewoners van het nest helaas het loodje legden. 'De dood maakt deel uit van de biologie,' zei Tschinkel.

Naast een van de nesten groeven we een diepe put. Het zink was tot in elke gang, kamer en elk knooppunt doorgedrongen en vervolgens gestold. Voorzichtig haalden we het gestolde metaal uit de aarde en zagen het als een wonderlijk relict van een oude civilisatie tevoorschijn komen.

Later hing Tschinkel de afgietsels die we hadden gemaakt bij zijn verzameling in de garage, waar tientallen soortgelijke metalen mierennesten als kroonluchters aan het plafond bungelden. Het waren allemaal creaties van verschillende mierensoorten, legde hij uit.

Sommige nesten konden behoorlijk groot worden.

Ik pakte een van de afgietsel vast. Het was een exemplaar van de *Aphaenogaster floridana*, een van de soorten die wij in het bos hadden bewerkt, maar ik had het verwarrende gevoel dat ik een exact miniatuurmodel van de ondergrondse stad van Derinkuyu vasthield.

We hadden bijna de hele dag in stilte gewerkt, maar nu kon ik me niet meer inhouden en ik begon Tschinkel uit te leggen waarom ik hem was komen opzoeken. Ik vertelde hem alles over William Lyt-

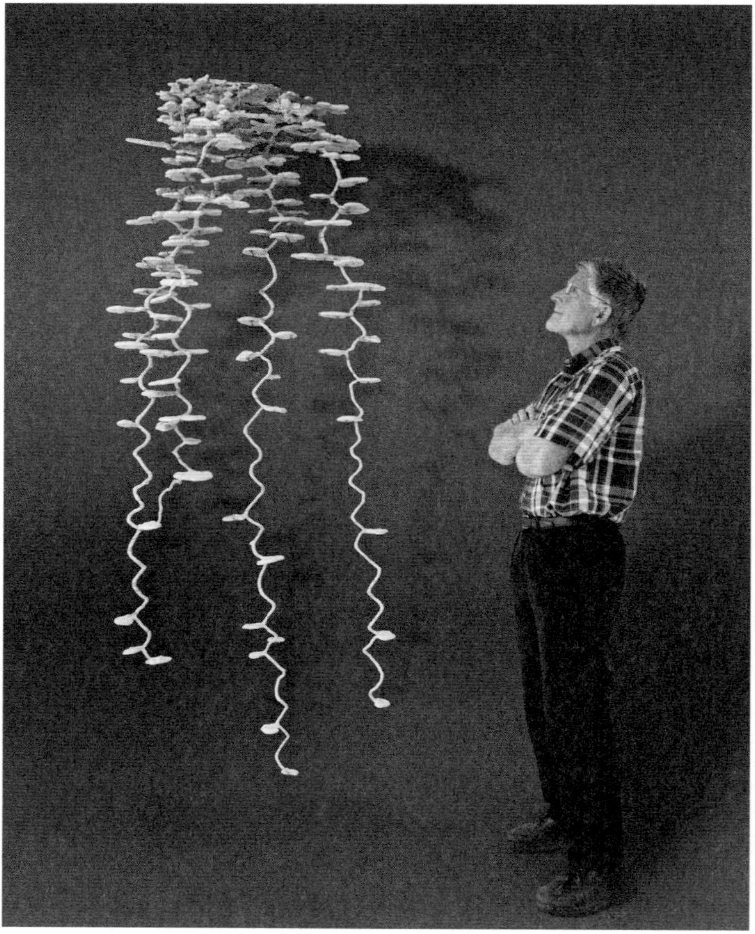

tle, de tunnelrage uit de Koude Oorlog en de ondergrondse steden in Cappadocië, met hun diepe keukens en de molenstenen die voor de ingang werden gerold wanneer de vijand binnenviel.

En dat was nog maar het begin. Ik wilde Tschinkel een theorie voorleggen.

Graven, wilde ik gaan zeggen, is een oerdaad, een van de meest basale dingen die mensen doen. Als we een gat in de aarde graven

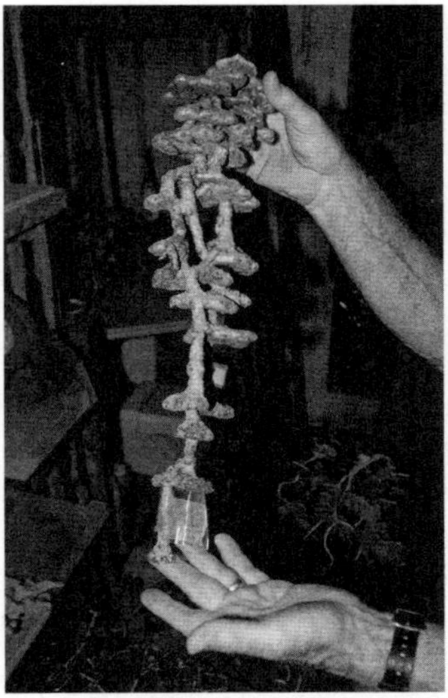

en onder de grond afdalen, vertonen we een waarlijk tijdloos gedrag dat teruggaat tot de wortels van de evolutionaire boom, voorbij onze vroegste zoogdierenvoorouders, voorbij de eerste gewervelde dieren, terug tot de oorsprong van het meercellige leven. Als onderdeel van de tunnelgravende levensvormen, wilde ik zeggen, kan het niet anders dan dat we een oude en krachtige band met de aarde voelen. Het gevoel van veiligheid dat we krijgen door ons in te graven, door te voelen hoe de aarde ons omhult, gaat dieper dan onze angst om opgesloten te zitten, dieper dan de angst voor de duisternis of de vrees levend begraven te worden. Misschien dat deze overeenkomst tussen de tunnels van mieren en van mensen voor ons een aanwijzing is dat we niet meer zijn dan dieren die interactie hebben met de aarde, zoals alle andere dieren. Allemaal zoeken we dezelfde oplossingen voor dezelfde eeuwige problemen. Dat wilde ik allemaal zeggen.

Maar voordat ik zelfs maar aan mijn relaas kon beginnen, onderbrak Tschinkel me: 'Wat bedoel je met molenstenen?'

‘Grote ronde stenen,’ zei ik. ‘In de vorm van een donut.’ Ik haalde mijn notitieboekje tevoorschijn en begon te tekenen. ‘Die rolden ze op hun plek wanneer...’

Tschinkel knikte en toen ik zijn gezichtsuitdrukking zag, stopte ik.

‘Er is een mierensoort in Costa Rica die *Stenamma alas* heet,’ zei hij.

De soort was nog niet zo lang geleden ontdekt door John Longino, een collega van Tschinkel van de Evergreen State University in Washington. De *Stenamma alas*, legde hij uit, werd voortdurend belaagd door een bepaalde soort strijdlustige oorlogsmier. Om zich tegen de aanvallen te verdedigen had het diertje een bijzondere aanpassing ontwikkeld. ‘Ze bewaren een steentje van precies de juiste afmetingen naast de ingang van het nest,’ vertelde hij. ‘Wanneer de oorlogsmieren aanvallen, trekt de kolonie zich terug onder de grond. De laatste mier trekt vervolgens het steentje voor de ingang.’

Kort nadat ik uit Tallahassee was vertrokken, stuurde ik een e-mail naar John Longino. In de e-mail die ik van hem terugkreeg zat een bijlage met foto’s van nesten van de *Stenamma alas*, met het steentje naast de ingang. En foto’s van een mier die kennelijk als laatste van de kolonie tijdens een aanval ondergronds verdween en het steentje op zijn plaats trok. Longino schreef dat hij Tschinkel de week daarvoor had gesproken en dat ze *Stenamma alas* al de ‘Cappadocische mier’ begonnen te noemen.

6

De verdwaalden

'Zonder reden zing je soms van verdriet.
Zonder reden accepteer je
verdwaald te zijn, je losmakend
van al het andere en een wereld verkiezend
waarin je gaat waar je wilt.'

William Stafford, 'Cutting loose'

Op de avond van 18 december 2004 liep Jean-Luc Josuat-Vergès in het gehucht Madiran in Zuidwest-Frankrijk de tunnels van een verlaten champignonkwekerij in en verdwaalde. De achtenveertigjarige Josuat-Vergès werkte als conciërge in een plaatselijk medisch centrum en leed aan depressies. Hij had zijn vrouw en veertienjarige zoon thuis achtergelaten, en was met een fles whisky en een zak vol slaappillen de heuvels in gereden. Nadat hij zijn Land Rover in de grote toegangstunnel van de champignonkwekerij had gezet, deed hij zijn zaklamp aan en stommelde de donkere grot in. De tunnels waren aanvankelijk uitgegraven in kalksteenheuvels voor de bouw van een krijtmijn en vormden een acht kilometer lang labyrint van donkere gangen, bochtige verbindingen en doodlopende schachten. Josuat-Vergès liep een gang door, sloeg af, sloeg nog een keer af. De batterij van zijn zaklamp werd zwakker en zwakker en begaf het uiteindelijk. Kort daarna strompelde hij door een vochtige gang waar zijn schoenen door de modder van zijn voeten werden gezogen en verzwolgen. Op blote voeten doolde hij in absolute duisternis om zich heen tastend verder door het doolhof, tevergeefs op zoek naar de uitgang.

Op de middag van 21 januari 2005, vierendertig dagen nadat Josuat-Vergès de tunnels in was gelopen, besloten drie tieners uit de buurt de verlaten champignonkwekerij te verkennen. Ze waren de donkere ingang nog maar net in gelopen toen ze de verlaten Land Rover ontdekten, waarvan het portier nog steeds openstond. De jongens belden de politie, die onmiddellijk een zoekteam de grot in stuurde. Na negentig minuten vonden ze Josuat-Vergès in een kamer op nog geen 200 meter van de ingang. Hij zag bleek als een geest, was mager als een skelet en had een lange, wilde baard – maar hij leefde nog.

Het verhaal van zijn overleven kwam in de dagen daarna in de media en hij werd bekend als '*le miraculé des ténèbres*', 'het wonder van de duisternis'.

De verhalen die hij over zijn weken in de champignonkwekerij aan verslaggevers vertelde, overtroffen zelfs de indrukwekkendste verslagen over gestrande bergbeklimmers of slachtoffers van scheepsrampen op verlaten eilanden. Hij had klei en rottend hout gegeten dat hij vond door op handen en knieën rond te kruipen en in de modder te wroeten; hij had water gedronken dat van de kalkstenen plafonds droop en soms had hij het zelfs uit de wanden gezogen. Hij sliep onder oude plastic afdekzeilen die de champignonkwekers hadden achtergelaten. Wat de verslaggevers nog het meest verbaasde was dat hij extreme en onverwachte stemmingswisselingen had meegemaakt.

Zoals je zou verwachten, zonk hij nu en dan weg in diepe wanhoop; hij maakte zelfs een strop van een gevonden stuk touw, 'voor het geval het ondraaglijk zou worden'. Maar, vertelde hij, er waren ook momenten dat hij in het donker rondliep en in een soort meditatieve toestand raakte waarin zijn gedachten tot rust kwamen en hij ze de vrije loop liet; dan accepteerde hij het gevoel van desoriëntatie en bewoog zich in een staat van vredige onthechting door de tunnels. Zo doolde hij uren achterelkaar door het labyrint. 'Ik zong voor mezelf in het donker,' zei hij.

Toen ik het verhaal van Jean-Luc Josuat-Vergès en zijn mysterieus ambivalente ervaringen van verdwaald zijn voor het eerst las, moest ik terugdenken aan een slecht voorbereide excursie die ik een aantal jaren eerder in Parijs had ondernomen. Ik had besloten om samen met twee vriendinnen – Séléna en Åsa – in de catacomben af te dalen om in de voetsporen te treden van een achttiendeeeuwse man die de steengroeve was binnengegaan en was verdwaald. Het was een alom bekend verhaal. Philibert Aspairt, een man van in de zestig die werkte als bewaker van het Val-de-Grâcehospitaal, was in 1793 ondergronds afgedaald, op zoek naar de kelder van een nabijgelegen klooster, waar in een geheime bergplaats een bijzonder goede kruidenlikeur te vinden moest zijn. Aspairt raakte de weg kwijt en elf jaar later werd zijn lichaam gevonden in een nis onder de boulevard Saint-Michel. Op de plaats waar hij was omgekomen werd een gedenkteken neergezet.

TER NAGEDACHTENIS AAN PHILIBERT ASPAIRT
OP 3 NOVEMBER 1793 IN DEZE STEENGROEVE VERDWAALD
ELF JAAR LATER TERUGGEVONDEN EN OP
DEZELFDE PLAATS BEGRAVEN OP 30 APRIL 1804.

Op een steenkoude decemberavond zaten Séléna, Åsa en ik in elkaar gedoken bij de ingang van de catacomben en bereidden we ons voor om af te dalen. Ik legde uit dat de cataphiles Philibert Aspairt tot hun patroonheilige hadden gemaakt. Bij elke tocht door de steengroeven was het gebruik om een bezoek te brengen aan het graf van Philibert, waar de cataphiles bloemen, kaarsjes, glazen wijn of zelfs kleine kunstwerken achterlieten. Wij wilden doen wat de Parijzenaars deden: we zouden naar het graf van Philibert gaan, via dezelfde weg teruglopen en een paar uur later weer bovengronds komen. Séléna en Åsa moesten de volgende ochtend naar school; beiden volgden een professionele clownsopleiding. Voorzien van een kleine rugzak met een fles wijn, een brood en een flesje water voor de korte tocht, wurmden we ons om acht uur 's avonds door de smalle ingang en stapten het ruim driehonderd kilometer grote netwerk van gangen en kamers binnen.

Ik was de gids, maar achteraf gezien een volstrekt incompetente. Ik was op dat moment nog maar kort in Parijs en had de catacomben slechts één keer bezocht; het was jaren voor de doorkruising van de stad samen met Steve Duncan. De urbexer Hatchet had me een kaart van de steengroeven gegeven, maar ik had die nog niet in de praktijk gebruikt. Hatchet had snel de belangrijkste oriëntatiepunten aangewezen, alsook de ingang, die niet als zodanig op de kaart was aangegeven. Het was een heel oppervlakkige instructie en ik had veel meer vragen moeten stellen, maar op dat moment dacht ik wel in staat te zijn me ondergronds te oriënteren.

We sloegen af in het donker, en nog eens, en nog eens, laverend door het labyrint van steen waar de lichtbundels van onze mijnwerkerslampen over de wanden dansten en het water om onze laarzen klotste. Séléna en Åsa waren voor het eerst in het ondergrondse. Ze luisterden naar het verre ruisen van de metro en lieten hun handen over het koele gesteente glijden. We hadden misschien een uur gelopen toen we in een kleine kamer met een laag plafond kwamen, waar de modder op de vloer was opgedroogd en in een patroon van barsten voor onze voeten lag. Ik boog er, half op mijn hurken, overheen en merkte op dat de barsten op de gangen van een netwerk leken, alsof het een verkleind model was van het doolhof waarin we op dat moment rondtrokken, een labyrint in een labyrint.

Dat was ook ongeveer het moment waarop ik me bewust werd van mijn vergissing. Ik keek naar mijn plattegrond en probeerde de volgende afslag in onze route naar het graf van Philibert te vinden, toen ik me met een plotselinge steek in mijn maag realiseerde dat ik me vergist had in de locatie van de ingang op de kaart. Het betekende dat we vanaf het moment dat we ondergronds gingen steeds de verkeerde afslag hadden genomen. We waren op geen stukken na in de buurt van het graf van Philibert – en ik wist

absoluut niet waar we wél waren. Ik had niet het minste idee hoe ver we waren gekomen, hoe we terug moesten of zelfs maar in welke richting we gingen. Met een haperende stem vertelde ik Séléna en Åsa wat er was gebeurd. We vielen alle drie stil. We hadden maar weinig eten en water bij ons en de batterijen in de mijnwerkerslampen werden al zwakker. We hadden geen kompas bij ons.

Homo sapiens heeft altijd over een uitstekend oriëntatievermogen beschikt. We hebben een krachtig orgaan in het primitieve deel van ons brein, de zogeheten hippocampus, waar een miljoen neuronen elke keer wanneer we een stap zetten data verzamelen over onze locatie waarmee een wat neurowetenschappers onze 'cognitieve kaart' noemen wordt samengesteld die ons in staat stelt om ons altijd te oriënteren in de ruimte. De hippocampus, die vele malen sterker is dan wat we tegenwoordig nodig hebben, is een erfenis van onze nomadische voorouders die jager-verzamelaars waren en voor wie een goed oriëntatievermogen van levensbelang was. Honderdduizenden jaren betekende het een wisse dood voor onze soortgenoten wanneer ze geen waterplaats of veilige schuilplaats konden vinden, of wanneer ze geen kuddes prooidieren of eetbare planten konden opsporen. Zonder het vermogen om de weg te vinden in onbekende landschappen zou onze soort het niet hebben overleefd. Het is een wezenlijk onderdeel van ons menszijn.

Geen wonder dus dat we een diepe oerpaniek ervaren wanneer we de oriëntatie toch kwijtraken. Veel van onze meest elementaire angsten – gescheiden zijn van onze geliefden, ontheemd zijn of achterblijven in het donker – zijn variaties op de angst verdwaald te zijn. In sprookjes wordt de lieftallige maagd altijd door dreigende trollen of een oud vrouwtje met een grote kap op haar hoofd aangesproken nadat ze gedesoriënteerd is geraakt in een donker bos. Zelfs de hel wordt vaak afgeschilderd als een doolhof, wat teruggaat op de dichter Milton die deze vergelijking gebruikte in *Paradise Lost*. Het archetypische griezelverhaal over desoriëntatie is natuurlijk de Griekse mythe van de Minotaurus die ronddoolt door het kronkelige Labyrint van Knossos, opgezet, aldus Ovidius, 'om onzekerheid te verspreiden' en de bezoeker 'geen oriëntatiepunten' te geven.

Onze angst om gedesoriënteerd te raken is zo diepgeworteld dat verdwalen tot mentale instorting kan leiden, waarbij we onszelf letterlijk verliezen. 'Voor iemand die er absoluut niet aan gewend is,' schreef Theodore Roosevelt in zijn boek *Ranch Life and the Hunting Trail* uit 1888, 'lijkt het gevoel verdwaald te zijn in de wildernis een staat van panische doodsangst te veroorzaken die angstwekkend is om aan te zien en die hem uiteindelijk van zijn zinnen berooft... als hij niet binnen drie of vier dagen wordt gevonden, is de kans groot dat hij krankzinnig wordt; hij vlucht dan voor zijn redders en moet achtervolgd en gevangen worden alsof hij een wild dier is.'

We kunnen verdwalen terwijl we over de witte Arctische toendra's trekken, of ons door dicht oerwoud heen hakken, maar de ultieme plaats om te verdwalen is de ondergrondse wereld. De weg kwijtraken in een wirwar van onderaardse gangen is een uniek soort desoriëntatie. 'In een grot,' schreef Mark Twain over McDougal's Cave waarin Tom Sawyer en Becky Thatcher drie dagen verdwaald waren, 'kun je dagen en nachten door de ingewikkelde wirwar van spleten en kloven dwalen zonder ooit het einde te vinden... de grot kan dalen, dalen, en nog verder dalen, de aarde in, en precies hetzelfde blijven – labyrint onder labyrint, zonder dat er ooit een eindigt.' Vanaf onze eerste stap in de onderaardse duisternis produceert de hippocampus, die ons zo betrouwbaar door de wereld aan de oppervlakte gidst, alleen nog ruis, als een radio die de ontvangst kwijt is. We zijn afgesneden van de oriëntatie op sterren, de zon en de maan. Ook de horizon verdwijnt, en als er geen zwaartekracht zou zijn, zouden we zelfs boven en beneden nauwelijks kunnen onderscheiden. Alle subtiele aanwijzingen waarmee we ons in de bovenwereld kunnen oriënteren ontbreken: wolkenformaties, patronen van plantengroei, sporen van dieren, windrichting. Onder de grond verliezen we zelfs onze eigen schaduw als gids.

Als we een berg beklimmen of het zeegat kiezen laten we bekend terrein achter ons: we kunnen omkijken om te zien hoe ver we zijn gekomen, en in de verte turen om te kijken wat er voor ons ligt. In een smalle doorgang van een grot, of in de kronkelende plooien van een catacombe is het gezichtsveld altijd beperkt tot de volgende bocht of kronkel. Zoals de grothistoricus William White schreef, zie je een grot nooit echt in zijn geheel, alleen maar in fragmenten. Als we onze weg zoeken door een landschap, schreef Rebecca Solnit in *A Field Guide to Getting Lost*, dan lezen we onze omgeving als een tekst en bestuderen we 'de taal van de aarde zelf'. Maar de ondergrondse wereld is een blanco pagina, of een pagina in een taal die we niet kunnen ontcijferen.

Niet dat die voor alle wezens onleesbaar is: sommige onderaards levende creaturen zijn uitstekend aangepast om de weg te vinden in het donker. We kennen allemaal de vleermuis die met behulp van sonar en echolocatie door donkere grotten heen en weer schiet, maar de kampioen ondergrondse navigatie is misschien wel de blinde naakte molrat, een roze, rimpelig schepseltje met grote boventanden – een beetje als een negentig jaar oude duim met grote tanden. De molrat brengt zijn dagen door in grote labyrintische nesten onder de grond. Om de weg te vinden in de donkere gangen slaat het dier met regelmatige intervallen met zijn kop tegen de grond om zo de vorm van de ruimte te bepalen aan de hand van het patroon van weerkaatsende vibraties. Het beestje heeft zelfs een kleine hoeveelheid ijzer in zijn brein, een ingebouwd kompas dat het aardmagnetisch veld detecteert. De natuurlijke selectie heeft ons oppervlaktewezens niet met zulke hoogstandjes van aanpassing uitgerust. Voor ons is een stap onder de grond altijd een stap in een oriëntatievacuüm, een stap in de verkeerde richting, of beter gezegd in geen enkele richting.

In de catacomben mompelde ik me door de ene verontschuldiging na de andere heen maar Séléna en Åsa legden me het zwijgen op. Het had geen zin om onze energie aan paniek te verspillen, zeiden ze. (Om eerlijk te zijn wierp Séléna me een blik toe die de deur openliet voor latere verwijten.) Op dat moment was ons doel eenvoudig. We konden alleen uit het doolhof komen via het gat waardoor we binnen waren gekomen: we moesten exact op onze schreden terugkeren.

Séléna en Åsa, die jarenlang ervaring hadden met improvisatie in clownsgroepen en over uitstekende communicatievaardigheden in teamverband beschikten, zetten een nauwkeurig en democratisch plan op. We zouden systematisch teruglopen door de tunnels, zoeken naar opvallende kenmerken in het gesteente, herkenbare graffiti of duidelijke voetafdrukken in de modder. Bij elke kruising gingen we alle mogelijke tunnels een voor een verkennen: zodra we er zeker van waren dat we niets herkenden, keerden we terug naar het knooppunt om de volgende tak te onderzoeken. We namen een tunnel alleen als we het er alle drie over eens waren dat die er bekend uitzag.

Het was een vervelend en uitputtend proces. Elke gang leek op alle andere, allemaal met dezelfde rotsachtige contouren, allemaal met een grillig geometrisch verloop. Veel van de graffiti op de knooppunten waren door eerdere bezoekers als oriëntatietekens achtergelaten – pijlen, sterren, geometrische figuren – zodat ze de weg naar de ingang konden terugvinden. We probeerden een spoor te isoleren en te volgen, in de veronderstelling dat de blauwe driehoekjes of rode cirkels ons naar de uitgang zouden brengen, maar we moesten het al snel opgeven omdat alle markeertekens in een chaotische bende door elkaar liepen. Het was alsof we door een sprookjesbos liepen en honderden kronkelende broodkruimelsporen tussen de bomen ontdekten.

In een van de tunnels dachten we de zacht sissende carbidlamp van een cataphile in een aangrenzende galerij te horen, maar toen we begonnen te roepen, antwoordde er niemand. Na een volgende bocht ontdekten we een stenen wenteltrap die in het donker omhoogliep. Séléna en ik klommen omhoog tot we vlak onder het deksel van een mangat in de straat zaten. Ik probeerde het met mijn schouder los te duwen, maar ik was niet sterk genoeg, of het deksel was verzegeld. We bedachten dat we zo dicht onder de oppervlakte misschien voldoende bereik hadden om met de mobiele telefoon hulp in te roepen, maar terwijl ik zat te bedenken wie ik moest bellen, hoe ik onze situatie moest uitleggen en wat ik in vredesnaam moest zeggen als ze vroegen hoe ze ons konden helpen, stelden we vast dat de batterijen van alle drie de telefoons leeg waren. Åsa deed ondertussen haar best om de moed erin te houden. Toen we weer eens terugliepen naar een kruising waarvan we wisten dat we er al zeven of acht keer langs waren gekomen, bleef ze plotseling staan. 'Jongens!' Séléna en ik draaiden ons om en Åsa verklaarde met grote ogen fluisterend: 'Ik geloof dat we hier al eerder zijn geweest.'

Uiterlijk bleven we alle drie rustig, maar naarmate de uren verstreken en we in het donker bleven ronddolen, begonnen we verontrustende berekeningen voor onszelf te maken. We rantsoeneerden het batterijgebruik voor onze mijnwerkerslampen. Een van ons verlichtte de weg, de andere twee zetten hun lamp uit. Tijdens rustpauzes keken we somber naar het waterniveau in de fles en namen niet meer dan kleine slokjes. Het brood lieten we helemaal onaangeroerd, in de veronderstelling dat we het nog nodig zouden hebben voor energie in de uren die komen gingen. Telkens wanneer we het spoor in de tunnels kwijtraakten en opnieuw moesten beginnen, trokken we ons terug in een kleine, nauwe kamer met een sculptuur van een cataphile: de gipsen gestalte van een man die half in de kalkstenen muur opging, alsof hij in het gesteente gevangenzat.

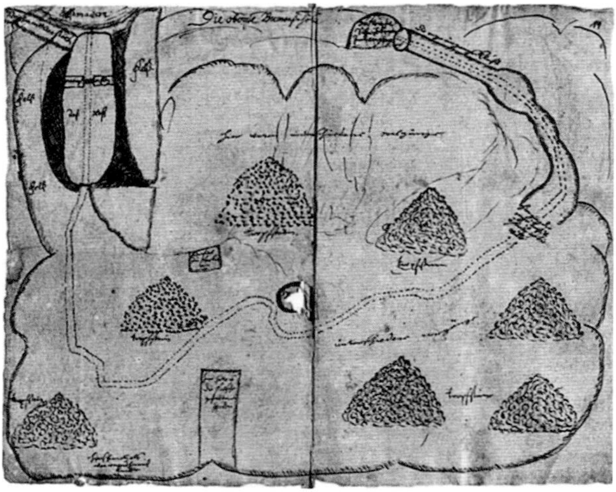

Wanneer ons ingeboren navigatiesysteem tekortschiet grijpen we in elk ander landschap naar een kaart, die ons houvast geeft in de ruimte en ons op de juiste route houdt. Het is echter altijd bijzonder ingewikkeld geweest om de ondergrondse wereld in kaart te brengen. Nog lang nadat verkenners en cartografen elk bovengrondse landschap op de planeet hadden ingetekend, en hun keurige patroon van lengte- en breedtegraden over afgelegen archipels en gebergtes hadden getrokken, bleven de ruimten direct onder onze voeten ongrijpbaar.

De vroegst bekende kaart van een grot werd in 1665 getekend. Het betrof de Baumanns Grot, een groot complex in de dichtbeboste Harz in Duitsland. Afgaande op de rudimentaire lijnen van de kaart was de tekenaar, een man die Von Alvensleben heette, verre van een gespecialiseerde cartograaf, of zelfs maar een capabele. De tekortkomingen van zijn werk zijn opmerkelijk. De verkenner was er niet in geslaagd om iets van perspectief, diepte of dimensies weer te geven, hij had niet eens aangegeven dat het om een ondergrondse ruimte ging. Von Alvensleben probeerde een kaart te maken van een ruimte, maar beschikte niet over het juiste neurologische instrumentarium om die waar te nemen: het was een ruimte die zich letterlijk aan zijn zicht onttrok. Zijn kaart werd een soort epistemologische nonsens, te vergelijken met een poging om het portret van een geest te schilderen, of een wolk in een net te vangen.

De kaart van de Baumanns Grot was de eerste in een lange reeks wonderlijke mislukkingen op het gebied van de onderaardse cartografie. Generaties lang daalden teams van onverschrokken, Don Quichotachtige verkenners overal in Europa in grotten af met de bedoeling de ondergrondse wereld op te meten en zich in het donker te oriënteren, wat telkens weer, en soms op een dramatische manier, mislukte. Ze lieten zich aan rafelige touwen diep onder de grond zakken, waar ze uren ronddoolden, over grote rotsblokken klommen en in onderaardse rivieren zwommen. Ze zochten hun weg met waskaarsen die zwakke lichtcirkeltjes verspreidden en hooguit één of twee meter zicht boden in alle richtingen. Een zeventiende-eeuwse verkenner die in een grot in Engeland afdaalde, waar hij de afmetingen van een kamer wilde vaststellen, besefte dat hij de begrenzingen van de ruimte niet eens kon zíén, laat staan opmeten. Hij schreef: 'Bij het licht van kaarsen konden we het plafond, de vloer of de zijwanden niet volledig onderscheiden.' Onderzoekers namen vaak hun toevlucht tot bizarre maatregelen, zoals de Oostenrijkse grotverkenner Joseph Nagel, die in een poging om een grotkamer te verlichten een stellage met kaarsen aan de poten van twee ganzen bond, waarna hij steentjes naar de dieren gooide, in de hoop dat ze zouden opvliegen en het licht door het donker zouden verspreiden. (Het werkte niet: de ganzen waggelden moeizaam weg en vielen op de grond.) Zelfs wanneer het wel lukte om metingen te verrichten, was de ruimtelijke perceptie van de verkenners vaak zo vervormd door de grilligheden

van de omgeving dat hun resultaten verre van accuraat waren. Zo mat een verkenner in 1672 tijdens een expeditie in Slovenië bijvoorbeeld een kronkelig grotcomplex op en legde de lengte vast op tien kilometer, terwijl hij in werkelijkheid niet meer dan ongeveer vierhonderd meter had afgelegd. De afmetingen en kaarten die uit deze vroege expedities resulteerden weken zoveel af van de werkelijkheid dat sommige grotten in wezen onherkenbaar zijn. Tegenwoordig kunnen we deze oude beschrijvingen alleen nog lezen als mysterieuze gedichten over imaginaire plaatsen.

De beroemdste van de vroege grotcartologen was de laatnegentiende-eeuwse Fransman Édouard-Alfred Martel, die bekend zou komen te staan als de 'vader van de speleologie'. In de loop van zijn vijftigjarige carrière leidde Martel ongeveer vijftienhonderd expedities in vijftien landen over de hele wereld, en honderden daarvan betroffen niet eerder onderzochte grotten. Martel was van huis uit advocaat en in de eerste jaren daalde hij in hemdsmouwen en met een bolhoed op af in het ondergrondse domein, tot hij uiteindelijk een gespecialiseerde uitrusting voor grotonderzoek samenstelde. Behalve een opvouwbare canvasboot, de Alligator, en een grote veldtelefoon om met de dragers aan de oppervlakte te communiceren, ontwierp hij een veelheid aan onderaardse onderzoeksinstrumenten. Hij vond bijvoorbeeld een hulpmiddel uit om een grot van vloer tot plafond te kunnen meten. Daarvoor bevestigde hij een in alcohol gedoopte spons onder een papieren ballon die aan een lang touw bevestigd was. Hij stak de spons in brand, zodat de ballon naar het plafond opsteeg en het afgewikkelde touw de hoogte op dat punt aangaf. De kaarten van Martel waren dan wel accurater dan die van zijn voorgangers, maar vergeleken met de kaarten die verkenners in die tijd van andere landschappen maakten, waren het nauwelijks meer dan schetsen. Wel werd Martel geroemd vanwege een cartografische vernieuwing: om een grot in kaart te brengen verdeelde hij die in afzonderlijke segmenten (*coupes*), wat later de standaardprocedure zou worden. In mijn ogen zijn zulke kaarten echter een bewijs te meer voor de ongrijpbaarheid van de onderaardse omgeving, alsof ze stuk

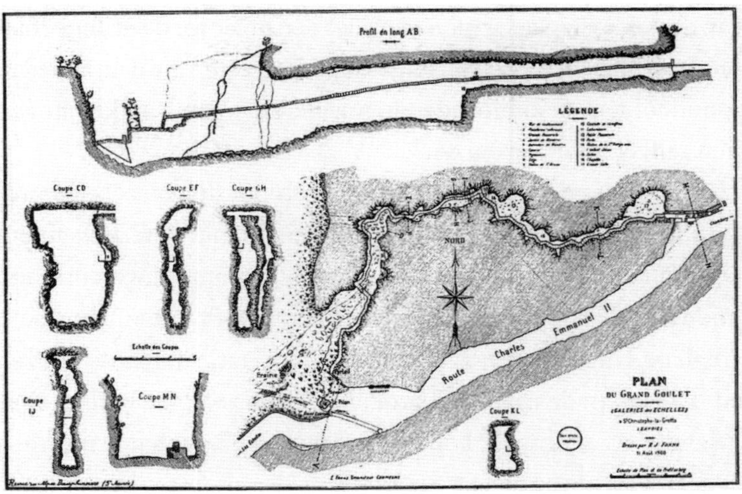

voor stuk iets documenteren wat niet in kaart gebracht kon worden. De enige manier om de ondergrondse ruimte in zijn geheel te kunnen begrijpen, zo lijken ze te zeggen, is die in fragmenten te verdelen en naast elkaar te leggen, als de botten van een uiteengevallen skelet.

Martel en zijn teamgenoten, die zich jarenlang met vallen en opstaan in de onderaardse wereld probeerden te oriënteren, waren discipelen van het verdwalen. Niemand was zo vertrouwd met de zintuigelijke ervaring van het gedesoriënteerd zijn: ze doolden urenlang door het donker, gevangen in een soort verlengde staat van duizeling, terwijl ze tevergeefs probeerden ruimtelijk houvast voor zichzelf te vinden. Met hun mensenbrein dat geprogrammeerd is om koste wat kost desoriëntatie te voorkomen en waarin verdwalen de meest primitieve paniekreceptoren activeert, moeten ze volgens alle evolutionaire logica een diepe angst hebben gevoeld: de 'staat van panische doodsangst die angstwekkend is om aan te zien', in de woorden van Roosevelt. En toch gingen ze keer op keer ondergronds. Ze daalden af in onverkende ruimten waar geen mens vóór hen ooit een voet had gezet en waar de inwoners van de nabijgelegen dorpen niet eens een blik over de grillige rotsrand durfden te werpen uit angst voor de geesten die daarbeneden ronddoolden. Ze ontleenden kennelijk een vorm van kracht aan hun zelfverlies in het duister.

In 1889 zette Martel een expeditie op om de reusachtige grot Gouffre de Padirac in het zuidwesten van Frankrijk te verkennen. Op een middag in juli wonden hij en zijn team touwen om hun middel en lieten zich zestig meter in de kloof zakken, langzaam afdalend langs kluiten zachte groene vegetatie die in de spleten en richels van de rotswand groeiden. Toen ze op de bodem aankwamen, waar de lucht koel en vochtig was en de stenen met mos bedekt waren, vonden ze een onderaardse rivier die in een grote spleet in de rotswand verdween. Ze staken hun kaarsen aan, stapten in de Alligator en peddelden langzaam het duister in; ze dreven onder hoog oprijzende galerijen door en manoeuvreerden om zware gordijnen van stalactieten heen. Het water druppelde in het donker om hen heen en zond ‘een melodieuze zang’ op, schreef Martel, ‘die zoeter en harmonieuzer was dan de lieflijke tonen van de bovenwereld’. Ze volgden een tak van de rivier, en daarna een andere, totdat ze zich volkomen van alle bekende geografie afgesneden voelden. Drieëntwintig uur lang dreven ze in een absoluut vacuüm.

‘Het onbekende drijft ons onweerstaanbaar voort!’ schreef Martel over de expeditie. ‘Geen mens is vóór ons in deze diepten geweest. Niemand weet waar we naartoe gaan of wat we zien, nooit werd ons iets van een zo vreemde schoonheid getoond en spontaan stellen we elkaar dezelfde vraag: dromen we niet?’ Ik hoor in de woorden van Martel een man die in een vreemde staat van vervoering verkeert. Als ik me de verkenner voorstel die zich moeizaam door de diepe krochten van Padirac beweegt, met de vlam van zijn waskaars boven zijn hoofd, kan ik hem bijna zachtjes voor zichzelf horen zingen in het donker – misschien hetzelfde lied dat Jean-Luc Josuat-Vergès zong toen hij door de tunnels van de champignonkwekerij in Madiran doolde.

Verdwaald zijn is altijd een raadselachtige zijnstoestand geweest met veel dimensies en altijd vol van onverwachte mogelijkheden. Door de eeuwen heen hebben allerlei kunstenaars, filosofen en wetenschappers desoriëntatie – in concrete zin als het afdwalen van het fysieke pad, maar ook in de zin van het verruilen van het bekende voor het onbekende – gevierd als een motor voor ontdekkingen en creativiteit. ‘De weg niet kunnen vinden in een stad betekent niet zoveel,’ schreef Walter Benjamin. ‘Maar in een stad verdwalen, zoals je in een bos verdwaalt, daar heb je scholing voor nodig.' Om grote kunst te maken, zei John Keats, moet je de desoriëntatie omhelzen en je afwenden van zekerheid. Hij noemde dit 'Negatieve Capaciteit': 'het houdt in dat een man in staat is te leven met onzekerheden, raadsels, twijfels zonder zich geërgerd vast te klampen aan feiten en rede.' Ook Thoreau beschreef verdwaald zijn als een opening naar begrip van je plaats in de wereld. Hij schreef: 'Pas wanneer we volledig verdwaald zijn of hebben rondgedraaid – want een mens hoeft maar één keer met zijn ogen dicht te worden rondgedraaid om de kluts kwijt te raken – waarderen we de omvang en vreemdheid van de natuur. [...] Pas wanneer we verloren zijn, met andere woorden, pas wanneer we de wereld hebben verloren, beginnen we onszelf te vinden en te beseffen waar we zijn en hoe eindeloos verstrekkend alles is waarmee we te maken hebben.' Voor Solnit is het verdwalen de ultieme manier om 'volkomen aanwezigheid te bereiken' in de wereld om ons heen. 'Je verdwaalt niet,' schreef ze, 'maar verliest jezelf, met de implicatie dat er een bewuste keuze is, een gekozen overgave, een psychische staat die via de geografie bereikt kan worden.'

In neurologisch opzicht is het allemaal ook logisch: als we verdwaald zijn is ons brein tenslotte in zijn meest open en ontvankelijke toestand. In een staat van desoriëntatie zuigen de neuronen van onze hippocampus koortsachtig elk geluid, elke geur en elk beeld uit onze omgeving op in de wanhopige zoektocht naar gegevens die kunnen helpen bepalen waar we zijn. Als we ons angstig voelen wordt onze verbeeldingskracht uitzonderlijk actief in het componeren van fantasievolle beelden op basis van onze omgeving. Nemen we in de bossen de verkeerde afslag en verliezen we het pad uit het oog, dan verzint ons brein bij elk afgeknapt takje of geritsel in de bladeren een chagrijnige beer, een roedel wrattenzwijnen of een ontsnapte gevangene. Net zoals onze pupillen

in een donkere nacht wijder worden om zo veel mogelijk licht op te vangen, staat ons brein meer open voor de wereld om ons heen wanneer we verdwaald zijn.

Op een verkenningstocht onder de straten van Napels ervoer ik ooit zelf korte tijd een transcendente staat van verdwaald zijn. Twee urbexers, de broers Luca en Dani, namen me op een ochtend in de herfst dicht bij het oude centrum van de stad mee naar de kelder van een oude basiliek, waar we een enorm gat in de vloer vonden. Nadat we ons van klimtouwen hadden voorzien, gingen we via een lange ladder naar beneden, om vervolgens aan het touw af te dalen naar de bodem van een oud-Griekse cisterne, een grote kruikvormige wateropslag, bijna dertig meter onder de stad. Luca en Dani legden uit dat de cisterne slechts een van de vele knooppunten was van een heel complex van holten dat zich al sinds de achtste eeuw v.Chr. onder Napels uitstrekte. Het netwerk bestond uit een wirwar van crypten, catacomben, graven en cisternes en was zo groot en labyrintisch dat niemand er de ware omvang van kende.

De ochtend ging over in de middag terwijl we via smalle kronkelige tunnels die dieper en dieper het doolhof in liepen van de ene cisterne naar de volgende gingen. Elke nieuwe ruimte begon op alle vorige te lijken, tot we het gevoel kregen door een driedimensionale hal vol spiegels te dwalen, een decor uit een verhaal van Borges. Sommige cisternes stonden in verbinding met verschillende gangen, die op zichzelf ook weer zijtakken hadden en als wilde fractale patronen uitwaaierden.

Al snel kwamen we in onbekende delen van het netwerk, in kamers die Luca en Dani ook niet eerder hadden gezien; bij elke ontdekking schreeuwden ze in het donker, als zeelieden die op vreemde wateren nog niet in kaart gebrachte eilanden aan de horizon ontdekten. En toen gebeurde het opeens, een moment dat zich direct vanuit de toekomst naar het verleden leek te verplaatsen, zonder dat het ooit in het heden was geweest: zonder dat ik het had gemerkt, was ik plotseling alleen in het donker. Het ene moment waren we allemaal bij elkaar geweest in een cisterne, toen had ik me omgedraaid voor een foto, en toen ik weer omkeek waren Luca en Dani verdwenen. Ik kroop door de gang die ze volgens mij hadden genomen, maar kwam in een lege kamer terecht. Plotseling was het metalige rinkelen van de karabijnhaken tegen mijn heup het enige geluid dat ik kon horen, en ik kon niets zien buiten de lichtbundel van mijn mijnwerkerslamp. Ik riep hun namen, maar kreeg geen antwoord en mijn stem stierf weg in de kronkelende gangen.

We bleven niet lang gescheiden, niet meer dan een paar minuten. Maar in die korte periode waarin ik besefte dat ik geen idee had hoe ver ik de tunnels in was gegaan en dat ik met geen mogelijkheid kon zeggen waar ik was ten opzichte van enig eerder punt, voelde ik een absolute en totale verlorenheid. Het was alsof alle banden waren doorgesneden, alsof mijn voeten waren losgekomen van de grond en ik door de ruimte viel. Het was niet echt paniek wat ik voelde, maar een intense helderheid, een alertheid alsof ik amfetamine had gebruikt. Al mijn zintuigen stonden op scherp en ik voelde mezelf volkomen opgenomen in het heden, afgestemd op de vaagste geuren, geluiden en luchtbewegingen die mij voor die tijd waren ontgaan. Zelfs mijn huid werd alert, alsof ik de wereld via mijn poriën opzoog.

'Verdwalen,' schreef Solnit, 'is als het begin van onze weg vinden, of een andere weg vinden.' Als we van onze route afwijken en onze zenuwen geprikkeld raken wordt onze verhouding tot de wereld plooibaar. Zelfs onze diepgewortelde overtuigingen en gedachten kunnen op losse schroeven komen te staan als we ons openstellen voor nieuwe interpretaties van de realiteit. In religieuze literatuur zijn het de momenten van verdwaald zijn waarop we openbaringen deelachtig worden, een bekering ondergaan of een mystieke ontwaking ervaren. In het Oude Testament zijn de profeten verdwaald in de woestijn voordat ze God vinden. Siddharta Gautama doolde zes jaar zonder enige geografische binding rond voordat hij de Boeddha werd. Dante's spirituele zoektocht in de hel begint met een beschrijving van verdwaald zijn: 'Op 't midden van ons levenspad gekomen/ kwam ik bij zinnen in een donker woud/ want ik had niet de rechte weg genomen.' De romanschrijver Jim Harrison zei ooit tegen de dichter Gary Snyder dat, als we verdwaald zijn, 'plotseling alles twijfelachtig is, inclusief je eigen aard. Zo dramatisch is het... Ik heb vaak gedacht dat verdwaald zijn zoiets is als een *sesshin* [periode van meditatie] waarin je lang blijft zitten tot er een gong weerklinkt, waarna je opstaat en de wereld er volkomen anders uitziet.' Snyder antwoordde: 'Dat is dus zoiets als verlichting.'

In de late jaren negentig van de vorige eeuw volgde een team van neurowetenschappers de kracht van desoriëntatie tot in de fysieke onderdelen van ons brein. In een laboratorium van de Universiteit van Pennsylvania deden ze onderzoek naar boeddhistische monniken en franciscaner nonnen, bij wie ze hersenscans maakten tijdens het mediteren en bidden. De onderzoekers zagen onmiddellijk een patroon. Tijdens het gebed vertoonde een klein gebied aan de voorkant van het brein, de posterieure superieure pariëtale kwab, een afname in activiteit. Deze specifieke kwab blijkt bij het proces van cognitieve routeoriëntatie nauw samen te werken met de hippocampus. Voor zover de onderzoekers konden zien, ging de ervaring van spirituele gemeenschap intrinsiek gepaard met een afname van de ruimtelijke perceptie.

Het mag dan ook niet verbazen dat antropologen in de rituelen van religies over de hele wereld een soort cultus van verdwaald/verloren-zijn hebben teruggevonden. De Britse wetenschapper Victor Turner nam waar dat alle heilige initiatieriten drie fasen kennen: afzondering (de inwijdeling neemt afstand van de gemeenschap en laat zijn of haar voormalige sociale status achter zich); transitie (de inwijdeling is midden in het proces van overgang van de ene status in de andere) en incorporatie (de inwijdeling keert met een nieuwe status terug naar de gemeenschap). Het keerpunt ligt in de middelste fase, die Turner de 'fase van liminaliteit' noemt, van het Latijnse *limin*, 'drempel'. In de liminale fase 'wordt de hele structuur van de gemeenschap tijdelijk opgeschort': we bevinden ons in een ambigue en vluchtige toestand, waarin we de ene noch de andere identiteit bezitten; we zijn niet langer het ene, maar nog niet het andere. De grote katalysator van de liminaliteit is, aldus Turner, desoriëntatie.

Onder de vele verdwaalrituelen die door culturen overal op de wereld worden gepraktiseerd, neemt dat van de oorspronkelijke

Amerikanen van Pit River in Californië een heel bijzondere plaats in: bij hen gaan stamleden van tijd tot tijd 'ronddwalen'. Volgens de antropoloog Jaime de Angulo 'vermijdt de Dwaler, man of vrouw, kampen en dorpen, en verblijft hij of zij op stille, eenzame plekken, op de toppen van bergen, of op de bodem van canyons.' Met deze overgave aan desoriëntatie, aldus de stam, heeft de Dwaler 'zijn schaduw verloren'. Het is een hachelijke onderneming om te gaan zwerven, een gebruik dat in onherstelbare wanhoop of zelfs krankzinnigheid kan uitmonden, maar ook grote kracht kan geven, als de Dwaler uit zijn verdwaalde status als sjamaan met een heilige roeping terugkeert naar de stam.

Het meest voorkomende instrument van rituele verdooldheid, en de meest basale belichaming van desoriëntatie, is echter het labyrint. Labyrintische structuren zijn in alle uithoeken van de wereld te vinden, van de heuvels in Wales tot op de eilanden van Oost-Rusland en het platteland van Zuid-India. Een labyrint werkt min of meer als een liminaliteitsmachine, een structuur die ontworpen is om een intense ervaring van gedesoriënteerdheid op te roepen. Zodra we de bochtige stenen gangen in lopen en onze aandacht op het begrensde pad richten, verbreken we het contact met de externe geografie en raken in een soort ruimtelijke hypnose waarin alle oriëntatiepunten zijn verdwenen. In die staat zijn we ontvankelijk voor het ondergaan van een verandering, waarin we een wisseling van sociale status, van levensfase of van psychische staat meemaken. In Afghanistan vormden labyrinten bijvoorbeeld de kern van huwelijksrituelen: de echtelieden in spe bestendigden hun relatie door de weg te zoeken over het bochtige stenen pad. In Zuidoost-Azië werden labyrintische structuren gebruikt als hulpmiddelen voor meditatie. De bezoeker liep het pad langzaam af om de naar binnen gekeerde aandacht te verdiepen. Ook het archetypische verhaal over Theseus die de Minotaurus op Kreta doodde, is uiteindelijk een verhaal over een transitie: Theseus gaat het labyrint als jongen binnen en komt als een man en held weer naar buiten.

In hun moderne vorm zijn de meeste labyrinten tweedimensionaal, met paden die begrensd worden door lage stenen muurtjes of met mozaïekpatronen in de vloer. Maar als we teruggaan in de ontstaansgeschiedenis van het labyrint en op zoek gaan naar vroegere verschijningsvormen, zien we de wanden langzaam hoger oprijzen en de gangen donkerder en dieper worden: de allereerste labyrinten waren vrijwel altijd ondergrondse structuren. De oude Egyptenaren bouwden volgens Herodotus een groot ondergronds labyrint, en de Etrusken in Noord-Italië deden hetzelfde. Hoog in de Peruviaanse Andes bouwde de aan de Inca's voorafgaande Chavín-cultuur een reusachtig ondergronds labyrint, waar in de donkere, bochtige tunnels heilige rituelen werden uitgevoerd; de oude Maya's gebruikten daarvoor een duister labyrint in de stad Oxkintok in Yucatán. De Tohono O'odham-stam in de Sonorawoestijn van Arizona vereert al sinds jaar en dag de god I'itoi, ook bekend als de Man in het Doolhof, die in het hart van een labyrint verblijft. De ingang van dat labyrint, een motief dat vaak in de traditionele manden van de stam wordt geweven, zou naar verluidt de mond van een grot zijn.

De allervroegste afbeelding van een labyrint waar dan ook op de wereld is volgens een in 1998 gepubliceerde archeologische studie in Noordwest-Sicilië te vinden: een vijfduizend jaar oude schildering die diep in de donkere zone van een grot werd ontdekt. Archeologen veronderstellen dat er ooit op de modderige vloer aan de voet van de schildering een labyrint was aangelegd dat als ceremonieel pad in een oud initiatieritueel diende. Ongetwijfeld een plausibele verklaring. Maar ik vraag me af of de grot zelf misschien niet het labyrint is geweest. Ik vraag me af of de schildering, in plaats van naar een aparte structuur te verwijzen, misschien de sensatie van het binnengaan van de grot illustreerde, van jezelf verliezen en in het donker door de stenen gangen dolen.

Toen Jean-Luc Josuat-Vergès de tunnels van de champignonkwekerij in Madiran binnenging met zijn whisky en slaappillen was hij van plan zelfmoord te plegen. 'Ik was depressief, en had heel duistere gedachten,' zei hij naderhand. Nadat hij uit het doolhof was teruggekeerd merkte hij dat hij zijn levenskracht had herwonnen. Terug bij zijn gezin voelde hij zich gelukkiger en meer ontspannen. Hij ging een avondopleiding volgen, haalde een diploma en vond een betere baan in een stadje verderop. Gevraagd naar zijn ommekeer, vertelde hij verslaggevers dat er in het donker 'een overlevingsinstinct' actief was geworden dat zijn wil om te leven hernieuwde. In zijn donkerste uur, waarop hij zijn leven moest veranderen, ging hij de duisternis in, gaf zich over aan desoriëntatie en bereidde zich voor om als herboren weer boven te komen.

Wat Séléna, Åsa en mij uiteindelijk redde, onze draad van Ariadne, was de winterkou. In de catacomben heerst het hele jaar door een temperatuur van ongeveer 14 °C, wat in die specifieke decembernacht ongeveer tien graden warmer was dan de buitentemperatuur. Terwijl we door de tunnels strompelden, op zoek naar herkenbare oriëntatiepunten, begonnen we iets onverwachts te voelen: kleine vlagen van koele lucht. Ze bliezen zacht tegen onze huid, verdwenen even, kwamen terug en verdwenen weer. Langzaam maar zeker drong het tot ons door dat de lucht uit de ingang moest komen. En dus volgden we de kou. Kropen we een tunnel in waar de lucht warm aanvoelde, dan wisten we dat we in de verkeerde richting gingen en keerden we terug. Waren we een paar maanden later ondergronds gegaan, bijvoorbeeld op een milde lenteavond met een minder groot verschil tussen de bovengrondse en ondergrondse temperatuur, hadden we de uitgang misschien nooit meer gevonden.

Eenmaal bij de gammele uitgang tilden we onszelf uit de tunnel en dronken de frisse lucht in. Het was na vieren in de ochtend: we waren acht uur verdwaald geweest. We klommen terug naar straatniveau en liepen uitbundig lachend en roepend over de lege boulevard. De metro reed niet meer en dus namen we een taxi naar het appartement van Séléna. De chauffeur nam zijn drie doorweekte, modderige en uitgelaten passagiers in zijn achteruitkijkspiegel op. Even later zaten we in Séléna's kleine studio op dekens onder een schuin dakraam en proostten we op onze overleving. Terwijl het eerste ochtendlicht in de kamer binnendrong bespraken we de vreemde gewaarwordingen van het verdwalen in het donker. We speelden de film van die avond nog eens af en deelden wat er op bepaalde momenten door ons hoofd was gegaan. Allemaal hadden we nu en dan een sluipende bezorgdheid en ook regelrechte angst gevoeld. Maar op een ander, dieper weggestopt niveau in ons brein hadden we ook momenten van lucide kalmte gekend waarop we even boven onszelf werden uit getild.

7

De verborgen bizon

‘Alle heilige dingen moeten hun plaats krijgen.
Men zou zelfs kunnen zeggen dat dit op hun plaats zijn
is wat ze heilig maakt.’

Claude Lévi-Strauss, *Het wilde denken*

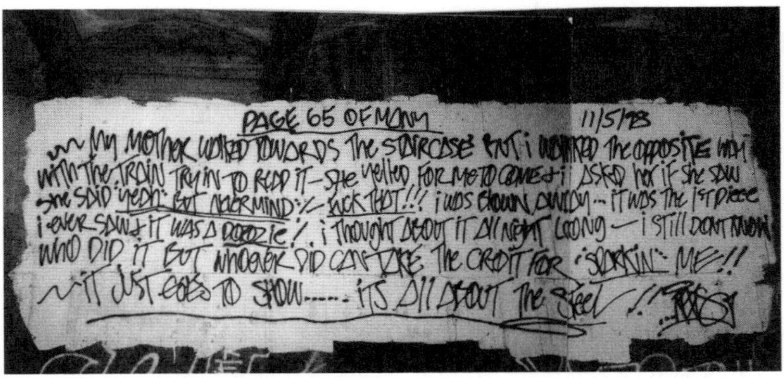

In het begin van mijn verkenningen in New York, toen ik middagenlang in de metro zat en met haviksogen uit het raam keek om doorgangen naar verlaten stations te ontdekken, zag ik van tijd tot tijd glimpen van mysterieuze boodschappen op de tunnelwanden. Het waren rechthoekige panelen van witte of gele verf, misschien anderhalf bij drie meter, vol zwarte tekst. Ze verschenen altijd in de donkere delen van de tunnel, in het lege, met roet overdekte niemandsland tussen de stations. Toen ik er eenmaal op ging letten zag ik de panelen overal voor het raam van de metro opduiken terwijl ik onder de rustige buurten van Brooklyn of de bruisende avenues van Midtown Manhattan rondreed. Ik kon de teksten niet echt lezen, hooguit een paar letters opvangen terwijl de trein voorbijraasde, maar niettemin fascineerden ze me, die subliminale boodschappen die in het onbewuste van de stad oplichtten.

De panelen, hoorde ik op zeker moment, maakten deel uit van een mysterieus kunstproject van de graffitischrijver REVS. Elk paneel was een 'pagina' van een dagboek dat in de loop van zes jaar verspreid door de New Yorkse onderaardse gangen was geschreven. In totaal waren er 235 pagina's, waarvan vrijwel elke tunnel tussen twee metrostations in de stad er een had. REVS zette 's avonds laat een veiligheidshelm op zijn hoofd en trok een fluorescerend hesje aan om zich voor te doen als werknemer van het openbaarvervoerbedrijf MTA. Daarna liet hij zich door een luik van een nooduitgang in de straat zakken. In het donker gebruikte hij een roller om een grote rechthoek straatverf op de tunnelwand aan te brengen, waarna hij met een spuitbus zwarte verf een dagboekaantekening maakte, een schets uit zijn kindertijd, of een korte filosofische overdenking.

REVS bleek een grote ster van de New Yorkse graffiti. In een cultuur waarin overdaad verheerlijkt wordt en een kunstenaar ernaar streeft zijn of haar 'signatuur' zo vaak mogelijk op de meest zichtbare plaatsen van de stad aan te brengen ('taggen') zonder ooit te worden betrapt, was niemand zo alom aanwezig als REVS. Vanaf de vroege jaren tachtig had hij zijn teken of 'tag' tienduizenden keren in de stad aangebracht. Met zijn spuitbussen en markeerstiften tagde hij telefooncellen, krantenautomaten en brievenbussen; hij maakte muurschilderingen ter grootte van billboards op bakstenen gevels, bevestigde canvasdoeken met bouten en moeren aan de zijkant van gebouwen en laste zelfs metalen sculpturen van zijn tag aan straatnaamborden en ijzeren hekken. In de late jaren tachtig en vroege jaren negentig, toen REVS het productiefst was, konden New Yorkers nauwelijks een paar stappen in welke straat dan ook zetten zonder de vier letters van zijn naam tegen te komen, alsof hij een verstild lied in de oren van de stad fluisterde. Het was rond die tijd dat burgemeester Rudolph Giuliani een speciale eenheid van de MTA in het leven riep, de zogeheten Vandal Squad, die de stad schoon moest vegen van graffiti. REVS werd Publieksvijand Nummer Eén. Hij werd de Grote Vis genoemd. Naarmate hij beruchter werd op straat, begon hij meer ondergronds te werken, waar hij zijn levensverhaal in het donker op wanden optekende.

In een oud geschiedenisboek over de New Yorkse graffiti vond ik afbeeldingen van de vroegste dagboekaantekeningen die op de wanden van de metrotunnels onder Brooklyn waren aangebracht. Het verhaal begon met de geboorte van de auteur, op een pagina die de datum 5 maart 1995 droeg.

BESTE MAATSCHAPPIJ,
IK WERD OP 17 APRIL 1967 IN BROOKLYN, NEW YORK, GEBOREN. HET ZIEKENHUIS WAS VICTORY MEMORIAL IN BAY RIDGE. IK BEN EEN ENIGE ZOON OP EEN HALFBROER UIT MIJN VADERS EERSTE HUWELIJK NA ZIJN NAAM IS SEAN EN HIJ IS EEN EX-GEVANGENE. HIJ IS EEN ECHTE KLOOTZAK WANT HIJ STAL 2100 DOLLAR VAN MIJN OOM PATTY DIE HEM

WILDE OPNEMEN EN HEM EEN KANS WILDE GEVEN – NOU JA FUCK HIM!!! HET WAS 3 P.M. OP EEN MAANDAG... IK WOOG 6 POND EN 900 GRAM MAAR ZE MOEST EEN KEIZERSNEDE ONDERGAAN OM ME ERUIT TE HALEN!! GOEDE DINGEN ZIJN NOOIT EENVOUDIG!! WORDT VERVOLGD...

Er was ook nog een proloog, gemarkeerd als ‘pagina 1 van vele’:

AAN JAN PUBLIEK... JE VRAAGT JE NU MISSCHIEN AF WAT DIT IS... DIT GAAT OVER EEN JONGEN DIE GEWOON ZIJN LEVEN LEEFT EN ZIJN VERHAAL VERTELT OP DE ENIGE MANIER DIE HIJ KENT. HET PUNT IS DAT ZIJN VERHAAL NIET ANDERS IS DAN DAT VAN JOU – WE ZIJN UITEINDELIJK ALLEMAAL STUKJES VAN EEN PUZZEL WAARVAN MAAR ÉÉN ALMACHTIGE MAKER IS. GOD

Het zette me aan het denken. Wat voor persoon kan zijn verhaal alleen maar vertellen door het op de tunnelwanden van de metro te schrijven? Wie was REVS?

Alle graffitischrijvers leven in de schaduw, maar geen enkele was zo onzichtbaar als REVS, begreep ik. De jongere graffitischrijvers vereerden hem, maar hadden hem nooit ontmoet, de oudere kenden hem wel, maar hadden hem in geen jaren gezien. De paar schrijvers die wel contact met hem hadden lachten schamper toen ik vroeg of ze me met hem in contact konden brengen. 'Weinig kans,' zei de schrijver ESPO. 'REVS praat met niemand,' verzekerde SMITH me. Een fotograaf die ooit een portret van REVS had gemaakt (met verborgen gezicht) zei: 'Ook al zou ik weten waar hij was, wat ik niet weet, zou ik het jou niet vertellen.' Jarenlang bewoog de graffitikunstenaar zich in het grensgebied van mijn bewustzijn. Ik vergat hem weleens een paar maanden lang, maar wanneer ik dan weer een glimp opving van een pagina die langs het metroraam gleed, zag ik in mijn verbeelding een onherkenbaar verklede man die in het donker stond te schilderen en raakte ik weer in de ban van de zoektocht.

Ik doorkruiste de stad en volgde zelfs de vaagste sporen. Ik liep door de straat waar hij naar verluidt ooit een lasbedrijf had gehad en zwierf rond door zijn oude buurt Bay Ridge, waar ik een praatje maakte met de eigenaar van een snoepwinkeltje waar REVS als kind vaak zou zijn gekomen. Ik kreeg de tip dat hij in de bruggenbouw had gewerkt en nam contact op met de metaalvakbonden. Ik zocht hulp bij agent Steve Mona, die als hoofd van de Vandal Squad bijna een decennium lang jacht had gemaakt op REVS. Mona kon mij niet helpen, evenmin als alle anderen. Een fotograaf die REVS' werk twintig jaar lang had gevolgd raadde me aan de zoektocht op te geven: 'Je maakt jezelf gek. Die man is een spook.' Uiteindelijk gaf ik het inderdaad op en accepteerde ik het feit dat REVS in schaduwen gehuld zou blijven. Het was dwaas, hield ik mezelf voor om te verwachten dat de man die in het donker schreef plotseling tevoorschijn zou komen om zichzelf voor te stellen. Om iets over de auteur te weten te komen, zat er niets anders op dan zijn ondergrondse dagboek te gaan lezen.

Op een snikhete zomeravond wachtten Russell en ik op een metroperron totdat de metro was doorgereden en de laatste passagiers door de poortjes waren verdwenen, waarna we snel naar de rand gingen, over het bordje VERBODEN TOEGANG stapten en het donker in liepen. De lucht was zwaar en bedompt en in de tunnel weerklonk het geluid van water dat van het plafond droop. We hadden nog niet lang gelopen toen we zijn spoor vonden. Onze ogen begonnen aan het donker te wennen en we zagen tags (R-E-V-S) verticaal op de metalen scheiding tussen het spoor van de sneltrein en dat van de metro. Even later stonden we aan de andere kant van de afscheiding een dagboekaantekening te lezen. De vervaagde tekst zat onder het ijzerstof en leek al eeuwen op de wand te staan. Het was een beschrijving van twee broers uit REVS' oude buurt, Chris en Danny, met wie hij vroeger naar KISS luisterde en *Saturday Night Live* keek. Al met al een weinig spectaculair verhaal, maar toch stonden we het daar in die donkere tunnel, met

de stad ver boven onze hoofden, ademloos te lezen, alsof we een oud runengedicht hadden ontdekt.

De ondergrondse tripjes om het dagboek te lezen waren soms spontane ingevingen en andere keren gepland. Ik ging alleen, samen met Russell of met andere vrienden die het zat waren om me over REVS te horen praten en die zelf een pagina wilden zien. Steve en andere urbexers zeiden dat ze een zekere rust vonden als ze door de metrotunnel liepen, maar zelf was ik vanaf het moment dat ik van de rand van een perron stapte tot ik veilig en wel op het volgende station was aangekomen doodnerveus. Ik was vooral bang voor de bochten in de tunnels, waar metro's minder goed aangekondigd doorheen kwamen. Angstwekkend waren ook de smalle gedeelten die geen uitwijkmogelijkheid hadden: ze waren met rood-wit gestreepte borden gemarkeerd, die bij de graffitischrijvers bekendstonden als 'bloed en botten'. Op regenachtige avonden werd ik zenuwachtig omdat ik het geluid van de regendruppels niet van het gerinkel van een aanstormende metro kon onderscheiden. Ik schrok altijd als ik zag dat er een camera op de ingang van de tunnel was gericht, en schoot dan met de staart tussen de benen weer het perron op. (Steve zei dat een camera juist betekende dat niemand op je lette, maar die theorie heb ik nooit echt vertrouwd.) Dan had je nog de derde rail, die de metro's van stroom voorziet, de ratten en de dreiging dat je door een baanwerker betrapt zou worden, en altijd was er het spookbeeld van de passagierloze zwart-gele onderhoudstreinen die geen voorspelbaar rijschema aanhielden en zonder waarschuwing om een bocht konden komen. Maar op elke ondergrondse tocht vond ik halverwege de perrons, op het donkerste punt van de tunnel een pagina uit het dagboek van REVS, en telkens weer vervulde het me met ontzag, terwijl ik in de teksten naar aanwijzingen zocht die me meer over het karakter van de auteur zouden vertellen.

Ik koesterde het dagboek en maakte zorgvuldige transcripties van de pagina's die ik zelf vond en van pagina's die ik op foto's van andere urbexers zag. Ik las over REVS die als jongen kattenkwaad uithaalde in Bay Ridge ('Elke verdomde kutdag was het straathonkbal, slagbal, stoepen, *skully*, *kings*, skateboarden, krijgertje, op daken klimmen of brandtrapgevechten'); REVS' strijd met zijn alcoholische vader ('Een paar keer bracht de politie of de ambulance hem thuis, en ik zag hem zelfs bewusteloos op het trottoir liggen'); REVS die de eerste volledig beschilderde metrowagon ziet. ('Ik was er ondersteboven van – het was het eerste kunstwerk dat ik ooit zag en het was een meesterwerk! Ik dacht er de hele avond aan – ik weet nog steeds niet wie het had gedaan maar degene die het was komt de eer toe mij te hebben geïnspireerd!') Zoals iedere import-New Yorker, had ik een nostalgische weemoed naar hoe de stad ooit was, het New York uit boeken en films waar ik van hield, maar dat verdwenen was toen ik in de stad kwam wonen. REVS' dagboek was een kunstwerk uit dat verloren gegane New York: een lang, ruig punkrockgedicht uit een vervlogen tijd.

Maar wat me bovenal aan het dagboek fascineerde en me verblufte, was wáár REVS het optekende. Op een tocht onder Brooklyn zat ik ineengedoken in de nis van een nooduitgang, mijn gezicht onder het staalstof, mijn T-shirt vochtig van het zweet los om mijn nek, toen ik een pagina op de tegenoverliggende wand ontdekte. Het was een korte tekst over een oudere graffitischrijver, ENO, die een soort leermeester voor REVS was geweest toen hij opgang maakte in de gelederen. Een boven het spoor opgehangen lamp wierp een cirkel van licht op de betonnen muur: andere graffitischrijvers zouden hun tags binnen de lichtkring hebben gezet zodat de passagiers in de metro's hun naam door het raam zouden kunnen zien. REVS niet. Hij had de pagina een meter voorbij de lichtkegel in het donker aangebracht, waar die nauwelijks zichtbaar was. Het was alsof een dichter sonnetten schreef met onzichtbare inkt, of een componist een symfonie schreef in subsonische toonzetting. Waarom zou je een kunstwerk maken op een verborgen plaats, vroeg ik me af, in het donkerste gedeelte van de stad, waar vrijwel niemand het kan zien?

Ik moest aan REVS denken toen ik op een zonnige novemberochtend via een smalle, kronkelende weg in het zuidwesten van Frankrijk de Pyreneeën in reed. Dit grensgebergte tussen Frankrijk en Spanje is een gatenkaas vol grotten en de laatste anderhalve eeuw hebben archeologen ontdekt dat die grotten oude kunstwerken herbergen die tussen ruwweg 50.000 en 11.000 jaar geleden werden gemaakt door jager-verzamelaars die in deze streken rondtrokken. De eerste grote ontdekking werd in 1879 gedaan toen de Spaanse edelman Marcelino Sanz de Sautuola en zijn achtjarige dochter María een grot op zijn landgoed in Baskenland gingen verkennen. Sautuola schraapte over de vloer van de grot toen María opkeek naar het plafond waar ze tot haar ongeloof een geschilderde kudde goud-rode bizons zag. In de jaren daarna werd het een vertrouwd verhaal in de West-Europese regio's met kalksteengebergten en -heuvels: een boer, een herder of een groepje plaatselijke tieners ontdekte een opening in een heuvelflank, klom naar binnen en stond in het schemerige licht plotseling oog in oog met oude voorstellingen van mammoeten, bizons, oerossen, steenbokken en paarden, stuk voor stuk verbluffend levendig en gracieus weergegeven.

De kunstwerken, die inmiddels in 350 grotten verspreid over heel Europa zijn teruggevonden, hebben geologen en antropologen generatieslang voor raadsels gesteld. In het begin van de twintigste eeuw opperden onderzoekers dat ze gemaakt werden om de tijd te doden, dat de paleolithische volkeren 'kunst om de kunst' maakten. Latere onderzoekers vermoedden dat het overblijfselen van 'sympathische jachtmagie' waren, waarmee werd bedoeld dat de kunstenaars hun prooidieren schilderden om ze te bezweren zodat ze makkelijker gevangen konden worden. Tegenwoordig denken de meeste archeologen dat de schilderingen verband hielden met religieuze rituelen. Maar het grote raadsel waar onderzoekers zich vanaf het begin over hebben verbaasd, was dat de kunstwerken altijd op verborgen plaatsen werden aangebracht, in de moeilijkst toegankelijke uithoeken, achter in de grotten.

Ik was naar de Pyreneeën gekomen voor een bezoek aan wat misschien wel het spectaculairste, verbluffendste en best verborgen kunstwerk ter wereld is: *les bisons d'argile*, 'de bizons van klei', twee kleisculpturen die meer dan vierhonderd meter diep in een grote grot waren geplaatst, aan het uiteinde van lange, smalle en kronkelende gangen, in de diepstgelegen, ontoegankelijkste kamer. Ze werden 14.000 jaar geleden gemaakt door een cultuur die de archeologen kennen als het Magdalénienvolk. De grot met de naam Le Tuc d'Audoubert was onderdeel van een stelsel van drie grotten die door de rivier de Volp werden gevormd, nabij het gehucht Montesquieu-Avantès in Ariège. Le Tuc lag op het landgoed Pujol, in bezit van de Bégouëns, een aristocratische familie die al sedert vele generaties in het gebied woont. De zittende heer van het château en toegewijde beheerder van de grotten was graaf Robert Bégouën.

Dat ik überhaupt uitgenodigd werd om de grot te bezoeken was al een klein wonder. Elke archeoloog met wie ik contact had over Le Tuc had me verteld dat het waarschijnlijk de meest ontoegankelijke grote gedecoreerde grot in heel Europa was. De parels onder de prehistorische grotten – Lascaux, Altamira en Chauvet – werden beheerd door de regering en gingen op gezette tijden open voor onderzoekers en speciale bezoekers. Le Tuc was daarentegen in privébezit en de Bégouëns openden de grot alleen wanneer ze dat zelf wilden, wat op zijn hoogst eenmaal per jaar het geval was en alleen voor prominente archeologen en vrienden van de familie. Een paar van 's werelds meest vooraanstaande wetenschappers op het gebied van de prehistorische kunst hadden hun hele leven op een uitnodiging naar Le Tuc gewacht, die echter nooit was gekomen. Maar toch gaf Meg Conkey van de Universiteit van Californië, Berkeley, die als archeoloog in Le Tuc had gewerkt, me het mailadres van Château Pujol, zodat ik in elk geval een brief kon sturen om mezelf aan graaf Bégouën voor te stellen.

In rudimentair Frans beschreef ik mijn eerdere jaren van onderzoek, en ik schreef hem over REVS en hoe mijn verwondering over verborgen kunstwerken me naar zijn familiegrot had geleid. Het verbaasde me niet dat ik niets terughoorde, het was tenslotte haast een poging tegen beter weten in, en na een paar weken liet ik de zaak los. Maar toen ontving ik uit het niets een e-mail van graaf Bégouën. Als ik op een bepaalde zondag achter in november om twee uur 's middags in Pujol kon zijn, zou hij de grot openen voor *une visite exceptionnelle*.

Ik reed door de poorten van Pujol en kreeg het chateau in zicht, een reusachtig natuurstenen gebouw met spitse torens hoog op een heuvel, met groene glooiende flanken eromheen. Het geheel lag te baden in een Van Gogh-achtig licht. Iets terzijde van het chateau was een klein rustiek stenen gebouw waarin de familiebibliotheek was ondergebracht, samen met een klein archeologisch laboratorium en een privémuseum waarin de op het landgoed gevonden kunstvoorwerpen werden tentoongesteld.

Graaf Bégouën kwam uit het laboratorium naar buiten en begroette me met een brede, opgewekte lach. Hij was zesenzeventig maar had met zijn rijzige slanke gestalte, fijne trekken, smalle gezicht en korte donkere haar voor veel jonger door kunnen gaan. Hij liep kaarsrecht, met een waardige houding en had onberispelijke manieren, maar was eerlijk en haast jongensachtig in zijn warmte – een man bij wie de charme in het bloed zat. Ik had alleen mijn infantiele Frans en hij sprak geen Engels, maar het lukte ons om te communiceren.

'Het is twaalf graden in de grot,' zei hij, me meevoerend naar een grote kast vol speleologisch gereedschap. Ik stapte in een overall met de kleur van blauwe bessen en trok rubberlaarzen aan. '*Très chic*', zei de graaf met een knipoog.

Behalve door de edelman werd ik welkom geheten door Andreas Pastoors, een Duitse archeoloog die al sinds zijn tienerjaren in de grotten op het landgoed van de Bégouëns werkte. Hij was in de vijftig, een stugge, uiterst intelligente man met iets van een wipneus. Pastoors waakte over de grotten als een buldog en leek verbluft over het besluit van de graaf om mij uit te nodigen. Toen we de heuvel af liepen in de richting van de ingang van de grot nam hij me apart. 'Dit is geen open grot,' zei hij. 'Elk bezoek brengt de sculpturen in gevaar. Wat je ook in je boek zet, maak duidelijk dat publiek hier niet welkom is.'

Le Tuc werd in 1912 ontdekt door de vader van de graaf, Louis Bégouën, en zijn twee broers Max en Jacques. De tienerjongens waren op een dag dat ze over het landgoed dwaalden de loop van de Volp gaan volgen en zo bij de ingang van de grot gekomen. Ze peddelden in een klein badkuipvormig bootje door de mond van de grot en verkenden die middag de voorste kamers. In de daaropvolgende twee jaar ondernamen ze om de zoveel maanden een volgende expeditie waarbij ze telkens iets verder de grot in gingen en hun route bijlichtten met geïmproviseerde verlichting van fietslampen. Tijdens een van hun tochten ruimde de jongste Bégouënbroer, Max, een berg afgebroken stalactieten weg en legde zodoende een nieuwe doorgang bloot. De broers wurmden zich erdoorheen, namen een volgende passage, toen nog een, en drongen dieper en dieper door totdat ze uiteindelijk de allerlaatste kamer bereikten, waar ze de bizons ontdekten. Na hun terugkeer namen ze contact op met twee vooraanstaande prehistorici, Abbé Henri Breuil en Émile Carthailhac, die onmiddellijk uit Toulouse naar het landgoed kwamen om de sculpturen te bekijken. De foto die die dag werd genomen, met de broers Bégouën, hun vader en de twee prehistorici, hangt in de familiebibliotheek.

In het universum van de familie Bégouën staat de bizon tegenwoordig centraal. In oktober 2012, honderd jaar na de ontdekking, bracht graaf Bégouën de hele familie op Château Pujol bijeen voor een grote viering. Hij leerde de jonge Bégouëns speerwerpen, stenen gereedschappen maken en kampvuren aanleggen met behulp van wrijving, zoals het Magdalénienvolk deed. Daarna vertelde hij het verhaal over de ontdekking van de sculpturen door hun

voorouders. 's Avonds kwam het hele gezelschap bij elkaar voor een feestmaal, met als hoofdgerecht bizon, de totem van de familie Bégouën.

'Alles is nog zoals het in 1912 was,' zei de graaf vanaf een met mos begroeid rotsblok voor de mond van Le Tuc, waar de Volp omheen stroomde. Hij droeg een blauwe overall, een witte veiligheidshelm met mijnwerkerslamp en had een leren tasje over zijn schouder waarop in fraaie belettering zijn vaders naam was aangebracht. Al met al zag hij eruit als de held uit een stomme film.

'Zelfs de boot is nog hetzelfde.' Hij wees naar het kleine badkuipachtige vaartuig in het water, een bijna perfecte replica van het exemplaar dat zijn vader en ooms hadden gebruikt.

We waren in totaal met zijn zessen, inclusief drie leden van het archeologische team van Andreas: Hubert, een oudere archeozoöloog van de Universiteit van Keulen die de beenderen van prehistorische dieren bestudeerde; Julia, een student van Hubert; en Yvonne, die met Andreas samenwerkte in het Neanderthal Museum. Ze waren allemaal al twee weken op het kasteel van Pujol om de kunstvoorwerpen te bestuderen die uit de Enlène afkomstig waren, een andere door de Volp gevormde grot. Voor alle drie zou dit het eerste bezoek aan Le Tuc worden. We gingen twee aan twee aan boord van het bootje en peddelden al schommelend stroomopwaarts het donker in tot we op een klein kiezelstrandje weer voet aan wal zetten. Daar stelden we onze lampen af en gingen de grot in.

Le Tuc kronkelt omhoog in de kalksteenheuvel, langs de oude loop van de Volp. 'Het skelet van de stroom', noemde de Amerikaanse dichter Clayton Eshleman de grot in zijn gedicht 'Notes on a Visit to Le Tuc d'Audoubert' dat hij in 1982 schreef, na zijn bezichtiging samen met graaf Bégouën. Op weg naar de bizonsculpturen stegen we door drie verschillende niveaus. Vanaf het rivierbed klommen we naar een kamer die de Bégouëns kenden als *La Salle Nuptiale*, 'de trouwzaal', een brede overwelfde ruimte waar grote stalactieten als de pijpen van een kerkorgel aan het plafond hingen.

Andreas sprak de groep toe in het Engels, de lingua franca tijdens onze onderneming. Le Tuc is een intacte grot, legde hij uit. Op de meeste archeologische sites was de bodem opengebroken voor opgravingen en waren kunstvoorwerpen afgevoerd naar laboratoria en museumvitrines, maar Le Tuc bleef in essentie onaangeroerd, met vrijwel alle sporen van de prehistorische bezoekers nog op hun plaats. 'Probeer steeds je voeten neer te zetten waar ik de mijne neerzet,' zei Andreas. 'En raak de wanden nooit, maar dan ook nooit, aan.'

Bukkend en onze lichamen in bochten wringend om stalactieten te vermijden begonnen we aan onze tocht en stapten voorzichtig en stil over de zachte vloer van klei, alsof we bezig waren iemand te besluipen. Wat in zekere zin ook zo was. We volgden het spoor van de Magdaléniens die deze grot 14.000 jaar geleden voor het laatst binnengingen. Hun cultuur, te dateren op 17.000 tot 12.000 jaar geleden, is de lieveling van de Europese prehistorie. De culturen die eraan voorafgingen, van het solutréen (22.000 tot 17.000 jaar geleden) en het gravettien (32.000 tot 22.000 jaar geleden), hadden zeker ook hun glorierijke momenten: ze brachten elegante stenen gereedschappen voort, fraaie draagbare beeldjes als de breedgebouwde *Venus van Willendorf* en de adembenemende afbeeldingen in de beroemde grot van Chauvet. Maar de Magdaléniens waren de virtuozen, de renaissance-Florentijnen van het paleolithicum. Zij schilderden de rendieren en bizons in Lascaux en Altamira, waarvan vroege archeologen bezwoeren dat het om vervalsingen ging omdat ze eenvoudig te verfijnd waren uitgevoerd

om echt oud te kunnen zijn. Achter in hun schuilplaatsen in de rotsen hakten ze versierde randen van galopperende paarden uit en maakten ze muziekinstrumenten van been, met exact dezelfde pentatonische schaal als onze huidige instrumenten gebruiken. Ze naaiden hun kleding met benen naalden en versierden zichzelf met fraaie halskettingen van zeeschelpen. Zelfs hun meest alledaagse gebruiksvoorwerpen waren fijnzinnig versierd, zoals een uit hertengewei gesneden werpspies, waarin de vorm van een bizon was gegraveerd.

We waren nog niet heel lang onderweg en liepen gebukt onder een gordijn van stalactieten door toen Andreas gebaarde dat we moesten blijven staan. Hij richtte zijn lamp op de zachte ondergrond, waar een gefossiliseerde voetafdruk was te zien. In perfect reliëf waren alle individuele tenen, de zachte welving van de voetholte en de afdruk van de hiel te zien. Het drukte ons nog eens met de neus op het feit dat de Magdaléniens, hoe ver ze ook in de tijd van ons af stonden, fysiologisch hetzelfde waren als wij, met hetzelfde lichaam, hetzelfde brein, hetzelfde zenuwstelsel en in essentie dezelfde manier van bestaan in de wereld.

Naarmate we dieper en dieper in Le Tuc doordrongen werd duidelijk hoeveel gevaarlijker dezelfde tocht voor de Magdaléniens moest zijn geweest. Wij beklommen een steile rotswand via een ijzeren ladder die de Bégouëns hadden geïnstalleerd, maar onze voorgangers hadden het zonder dat hulpmiddel moeten stellen. Ze moesten bovendien op blote voeten naar boven klimmen en, te oordelen naar een markering in de grot die als de afdruk van een blote knie werd geïdentificeerd, ook zonder broek.

Verderop liet Andreas zijn licht over een reusachtige pootafdruk in de klei gaan, afkomstig van een holenbeer. Voor ons was het een boeiende vondst, maar volkomen abstract omdat holenberen al duizenden jaren zijn uitgestorven. De Magdaléniens leefden daarentegen in dezelfde tijd als deze wilde dieren, en zo'n pootafdruk in de modder zou hun rillingen hebben bezorgd.

Al snel kwamen we op de plaats waar Max Bégouën in 1912 een natuurlijk gevormde berg van afgebroken stalactieten wegruimde en zo de doorgang naar het diepste deel van de grot blootlegde. Bij deze chatière, een kattengang zoals de familie het noemde, vernauwde de grot plotseling alsof er een riem omheen was aangetrokken en ging over in een lange, smalle en lage doorgang die alleen genomen kon worden door er op je buik doorheen te kruipen. We pauzeerde even en de vier nieuwelingen onder ons keken naar de doorgang. In het verleden waren er bepaalde, niet al te slanke bezoekers geweest die bij de chatière hadden moeten terugkeren. 'Let erop dat je rustig blijft ademhalen,' zei Andreas. 'En als je je ongemakkelijk voelt, probeer dan absoluut niet overeind te komen. Blijf op de bodem.'

De graaf ging voorop, een man van bijna tachtig jaar die zich op zijn ellebogen door een nauwe rotsspleet wurmde. ('*C'est une bonne exercice, cette cave*,' zei hij bescheiden.) Nadat ik de zolen van

Julia's laarzen om de bocht had zien verdwijnen, begon ik aan mijn eigen kruiptocht. De doorgang was heel nauw en bezaaid met kleine stalactieten. Ik wrikte met mijn heupen en trok mezelf op mijn ellebogen verder. De Duitse antropoloog Robert Kuhn, een van de eerste onderzoekers die de grot bezochten, beschreef zijn tocht door de chatière als 'door een doodskist kruipen'. Eshleman noteerde 'de angst om ter plekke te vergaan'. In de nauwe doorgang was een vlak waarop een reeks fantasmagorische figuren was gegraveerd die de passage kennelijk bewaakten – de Bégouëns noemden ze *les Monstres*.

Eenmaal uit de chatière kwamen we in een kamer met zulke zuivere en delicate calcietafzettingen dat het leek alsof er een ijzige winterstorm doorheen had geblazen die alles van een parelende laag rijp had voorzien. Toen Louis Bégouën en zijn broers de kamer betraden waar geen mens in 14.000 jaar een voet had gezet, was alleen al de klank van hun stemmen voldoende om de glasachtige stalactieten te laten afbreken, die rinkelend rondom hen op de grotvloer aan scherven vielen.

We passeerden nog een woud van stalactieten rondom een grote zuil van de bodem tot het plafond, namen een kleine helling en daalden daarna weer af. We waren inmiddels tweeënhalf uur onderweg en iedereen was stil geworden, zwevend door de ruimte als in een trance. Plotseling liet Andreas zich op zijn knieën vallen en hij gebaarde naar ons om naast hem te knielen. Hij bleef roerloos zitten.

'En nu wil ik jullie vragen,' zei hij zacht en langzaam, alsof hij vanaf een schemerig verlicht podium een tekst uitsprak, 'om jullie lampen uit te doen.' Ik besefte wat er zou gaan gebeuren en mijn hart begon sneller te kloppen. Er viel een absolute duisternis over de kamer en we werden allemaal stil. Toen klikte de mijnwerkerslamp van graaf Bégouën aan, en hij richtte de bundel op de duisternis achter ons. Als een reeks marionetten aan een enkel touw draaide we ons om en volgden de lichtbundel tot we allemaal als gesynchroniseerd op exact hetzelfde moment verstarden.

Het was een kleine kamer met een gewelfd plafond en een vlakke, kale bodem. In het midden, misschien drie meter van waar wij op onze knieën zaten, rees een groot rotsblok op. Tegen de rots geleund, iets van ons weg kijkend, lichtten de bizons van klei op in het zachte lamplicht. Ik hoorde al mijn metgezellen tegelijk zuchten. Mijn hele lichaam spande zich, pees na pees, en de spieren rond mijn schouders verhardden. En toen, plotseling, kwam alles los: er welde een warme golf in me op, vanuit de kern van mijn wezen door mijn torso en mijn schouders naar mijn hoofd, tot ik naar adem begon te happen. Terwijl ik naar de bizons keek begon ik spontaan te snikken en de tranen rolden over mijn wangen.

Het voorste dier was een koe, het achterste een stier. De details waren van een exquise verfijning: de buiging van hun hoorns, de krachtige onderkaak, de val van de baard, de elegante glooiing van

de bochel, de zuivere buiklijn, de zware schouderpartij. Je kon de spieren bijna zien samentrekken en de organen onder de huid zien bewegen. De klei glansde alsof die nog vochtig was. De sculpturen leken figuren uit een kinderverhaal waarin poppen en speelgoedbeesten heimelijk tot leven komen wanneer het licht uitgaat.

Graaf Bégouën liet ons langzaam naar voren kruipen om een kring rond de sculpturen te vormen. Hij begon op zachte toon de details aan te wijzen en sprak met een tederheid alsof hij een familielid aan ons voorstelde. Eerst sprak hij nog in eenvoudig Frans dat ik zonder veel moeite kon volgen, maar naarmate hij steeds fijnere details in de klei begon aan te wijzen ging hij ook sneller praten, totdat ik de draad kwijtraakte en merkte dat ik me van het gesprek afsloot. Mijn blik werd wazig, de details van de bizons begonnen te verdwijnen en ik trok me in mezelf terug terwijl de stem van de graaf steeds verder weg klonk. Al snel had ik het gevoel alleen in de kamer te zijn en hoorde ik niets meer behalve het ruisen van het bloed in mijn oren.

De Bégouëns, had ik gehoord, hadden een in leer gebonden *livre d'or*, een gastenboek waarin bezoekers van de grot gedurende een eeuw hun dankbaarheid aan de familie hadden uitgesproken en hun indrukken bij het zien van de bizons hadden beschreven. Vrijwel iedereen had een soortgelijke bedwelming ervaren. Louis Bégouën schreef dat hij 'aan de grond genageld, sprakeloos' was geweest. Ook Conkey beschreef een soort verlamming. Toen Robert Kuhn de achterste kamer van de grot bereikte, werd hij overvallen door een gevoel van 'verlossing'. De dichter Clayton Eshleman schreef: 'In Le Tuc d'Audoubert hoorde ik iets in mij me toefluisteren/ om in God te geloven.' Overal in het livre d'or waren taal en toon doortrokken van spiritueel ontzag. Elke bezoeker aan de kamer voelde het *mysterium tremendum et fascinans*, het 'ontzagwekkende en fascinerende mysterie', zoals de filosoof Rudolph Otto de basiselementen van het heilige beschreef.

Dat is vreemd. We weten tenslotte vrijwel niets over de bizons. En na 14.000 jaar zijn de Magdaléniens nog slechts schaduwen in het donker: we weten over hun leven alleen wat we bij elkaar gesprokkeld hebben uit beenderen en de verspreide as van oude kampvuren. We kunnen hooguit speculeren over hun mythen en goden, de vormen en contouren van hun universum. Heilige objecten, schreef de socioloog Robert Bellah, moeten worden bekeken 'in de context van een gemeenschap waarvoor ze heilig zijn: pas in de rituele praktijk van een levende gemeenschap worden ze heilig.' Alle culturele context rond de bizons en de praktijken die hun wellicht betekenis verleenden voor de Magdaléniens, zijn onherroepelijk verloren gegaan. En toch vallen mensen uit de wereld van vandaag die deze kamer bezoeken, mensen die in SUV's rondrijden en diepvriesmaaltijden in de supermarkt kopen, honderdveertig eeuwen later op hun knieën voor deze sculpturen. Ook wij zaten in het donker op onze knieën voor de bizons en keken in een houding van verering met stralende en vochtige ogen naar hen op. In deze kamer krimpt de tijd in en vernauwt de ruimte tussen onszelf en onze voorouders tot een haarbreedte.

'De woorden geheim en heilig zijn verwant,' schreef de dichteres Mary Ruefle. In de diepste diepten van Le Tuc d'Audoubert voelen we de innig verweven kracht van het sacrale en verborgene, heimelijkheid en heiligheid, het verscholene en goddelijke dat alle spirituele praktijken kenmerkt. Het is een centraal gegeven in het hindoeïsme, waarin de gelovige in de tempel het beeld van een godheid in een afgesloten, donkere kamer vindt. Maar het is ook een kenmerk van de initiatieriten van de Urapmin-stam op Papoea-Nieuw-Guinea, die in een mysterieuze en ontoegankelijk besloten ruimte plaatsvinden die altijd in het absolute duister blijft. En het is bekend uit het oude Egypte, waar de heiligste kamer van de tempel ook de donkerste is, een geheim heiligdom achter stenen drempels.

'De Heer,' zegt koning Salomo in het Oude Testament, 'heeft de zon aan de hemelen gezet, maar heeft gezegd dat hij in een donkere wolk wilde wonen.' Alle abrahamitische religie is geworteld in het idee van het heilige verborgene, terug te voeren op de tabernakel, het oorspronkelijke voorbeeld voor alle sacrale architectuur. Deze tentachtige, draagbare constructie diende als het heiligdom van Israëls God tijdens de zwerftocht van de Israëlieten door de woestijn, na hun exodus uit Egypte. De constructie bestond uit een open binnenplaats met in het midden een rechthoekige tent, voorzien van een deur naar een binnencompartiment dat alleen de priester mocht betreden. Aan de achterkant van dit compartiment, verborgen achter een voorhang, bevond zich een afgesloten kamer, het heilige der heilige (*sanctum sanctorum*), dat voortdurend in volkomen duisternis gehuld bleef. Daar bevonden zich de heiligste voorwerpen, waaronder de ark van het verbond, de ultieme representatie van God. Alleen de hogepriester mocht het heilige der heilige één keer per jaar binnengaan, op de Grote Verzoendag, om bloed over de ark te sprenkelen ter verzoening van de zonden van de mensheid.

Toen de Joden uiteindelijk in Israël kwamen, bouwden ze de eerste tempel op de Tempelberg in Jeruzalem strikt volgens de blauwdruk van de tabernakel: het heilige der heilige lag in een grot in de flank van een rotsachtige heuvel. Geen enkele archeoloog heeft de kamer ooit uitvoerig onderzocht – te heilig, te politiek gevoelig – maar het verhaal gaat dat je, als je op de juiste plek op de vloer klopt, een ondergrondse echo kunt horen. Hoe dan ook, het is niet moeilijk om de tabernakel en het heilige der heilige als de architectonische nabootsing van een grot voor te stellen, een draagbaar gemaakte kamer uit de donkere zone, die het de ronddolende Israëlieten mogelijk maakte om versies van voorvaderlijke ceremonieën uit te voeren die lang daarvoor in onderaardse duisternis werden voltrokken.

Als we enig licht, ook al is het niet meer dan de gloed van een glimworm, kunnen werpen op wat zich zo lang geleden in de diepten van Le Tuc afspeelde, dan is dat afkomstig uit de kamer naast de kamer met de bizons, waar Andreas ons nu naartoe leidde. Hurkend op de drempel liet hij zijn licht over een grote put midden in de ruimte gaan, waar de Magdaléniens de klei voor de sculpturen uit hadden gehaald. Verspreid door de kamer waren 183 menselijke voetafdrukken gevonden, vertelde Andreas terwijl hij zijn licht over de bodem liet gaan, en dat waren verbazingwekkend genoeg vrijwel allemaal hielafdrukken. In een poging dat mysterie te doorgronden organiseerde de familie Bégouën in 2013 een bezoek aan de grot samen met drie mannen van de San-stam uit de Kalahariwoestijn. De San zijn genetisch de oudste cultuur ter wereld en een van de laatst overgebleven groepen die nog als traditionele jager-verzamelaars leven. Het zijn experts in het spoorzoeken die aan de hand van een duidelijke voetafdruk iemands sekse kunnen bepalen en kunnen zien of de persoon in kwestie gewond of ziek was, iets droeg, snel of langzaam had gelopen en zelfs of hij of zij bang of ontspannen was geweest. De spoorzoekers bogen zich een uur lang achter in de grot over de wirwar van hielafdrukken en klikten er druk pratend op los in hun Ju/'Hoansi-taal.

Ze kwamen tot de conclusie dat er 14.000 jaar geleden twee personen in de kamer aanwezig waren geweest, een jongen van ongeveer veertien jaar oud en een man van ongeveer achtendertig. Ze hadden heen en weer gelopen, grote brokken klei uit de put gehaald en ze naar de kamer van de bizons gebracht. Door het gewicht van de last zonken hun voeten in de modder. Maar de hielafdrukken, meenden de spoorzoekers, waren niet het gevolg van het manoeuvreren in een ruimte met een laag plafond: de Magdaléniens hadden met opzet op hun hielen gelopen. De San achtten het zeker niet onmogelijk dat de afdrukken sporen van een ritueel waren, een dans misschien, maar het was moeilijk om dat met zekerheid te zeggen. Wel herkenden ze de praktijk van het op de hielen lopen. In de Kalahari, legden ze uit, waar iedereen van een bepaalde groep de sporen van ieder ander kende, was het achterlaten van je voetafdruk op een bepaalde plek zoiets als je handtekening zetten. (Zo was het bijvoorbeeld onmogelijk om binnen een groep een liefdesaffaire te hebben, want een nachtelijk rendez-vous werd onmiddellijk verraden door een voetafdruk.) Je kon je identiteit alleen verhullen door op de hielen te lopen. Terwijl we ons over de gefossiliseerde hielafdrukken bogen, stelde ik me de Magdaleense kunstenaars voor die bij schemerig toortslicht voorbereidingen troffen voor een ceremonie die wij nooit volledig zullen begrijpen, maar die zo ongelooflijk heilig was dat ze hun identiteit moesten verhullen en zichzelf zelfs op deze geheime plaats moesten verbergen.

Terwijl we ons onderweg terug naar de ingang van de grot door de chatière wurmden en de steile wand afdaalden naar de Trouwzaal, moest ik denken aan een verhaal dat ik had gehoord over Pablo Picasso die de eveneens door de Magdaléniens beschilderde grot van Lascaux bezocht, op een paar uur rijden van Le Tuc. Dat was in 1940, een paar maanden na de ontdekking, toen de grot nog in oorspronkelijke staat verkeerde, niet aangepast aan het toerisme. Er waren alleen los-vaste groepjes plaatselijke bewoners die de bezoekers ondergronds bij toortslicht rondleidden. Picasso daalde af in de vochtige grot en zag in het flakkerende licht dat zijn gids op het plafond liet vallen stieren, rendieren en galopperende paarden over de rotsen trekken. Op dat moment werd de kunstenaar overrompeld door de ingekrompen tijd waarin het prehistorische tij over het heden spoelde. 'We hebben niets nieuws uitgevonden,' fluisterde hij.

Later op de avond kwamen we in de familiebibliotheek van de Bégouëns bij elkaar rond een zwaar mahoniehouten bureau waar een bronzen model van de bizonsculpturen en een foto van de grootvader van graaf Bégouën op stonden. Het was allang donker, iedereen was moe en had de modder nog in de oren zitten, maar we gloeiden ook nog na van wat we in de grot hadden aangetroffen. Allemaal tekenden we het livre d'or en graaf Bégouën opende een fles muscadet die we uit plastic bekertjes dronken, proostend op de middag en op de bizons.

De sculpturen waren een 'wonder van conservatie', zei de graaf. Als ze een meter meer naar links of naar rechts waren neergezet zouden ze wellicht zijn verwoest door het water dat van het plafond druipt en verloren zijn gegaan voor de geschiedenis. Elke tafonomist – een wetenschapper die de aard van verval bestudeert – zou bevestigen dat de bizons opmerkelijk goed bewaard waren gebleven, maar ik vraag me af of '*wonder*' het juiste woord is. Ik vermoed dat de Magdaléniens de patronen van verval en behoud begrepen. Het was een volk dat in de eeuwige vergankelijkheid van de natuur leefde en in het dagelijks bestaan volkomen was overgeleverd aan de grilligheden van weersveranderingen, de bewegingen van prooidieren en het uitlopen van seizoensgewassen. Ze moeten daarom de unieke kracht van een waarlijk onveranderlijke ruimte hebben onderkend. Ze moeten geweten hebben dat de plaatsing van een voorwerp in de afgesloten onderaardse diepten betekende dat het voor altijd bewaard zou blijven.

Toen ik de poorten van Pujol weer uit reed, dacht ik aan de bizons in hun kleine overwelfde heiligdom en verwonderde ik me erover dat ze zich naar alle waarschijnlijkheid over nog eens 14.000 jaar, ongeacht hoe de wereld aan de oppervlakte zou veranderen, nog altijd in dezelfde onberispelijke staat zouden bevinden, alsof ze in amber gegoten waren.

Terug in New York vond ik REVS nadat ik ongeveer tien jaar naar hem op zoek was geweest. Op een middag zat ik te praten met mijn vriend Radi in zijn restaurant in Brooklyn. Hij vertelde verhalen over zijn familie, over zijn vader die uit Palestina naar Amerika was gekomen en goedkope sieraden op Broadway had verkocht tot hij voldoende geld had om een delicatessenwinkel te kopen, die hij daarna uitbouwde tot een kleine supermarkt. Uiteindelijk kon hij een huis in Bay Ridge kopen, waar Radi was opgegroeid.

Ik vertelde hem dat ik jaren geleden door zijn oude buurt had gestruind, op zoek naar een graffitikunstenaar, een spookachtige man die REVS heette en die zijn hele levensgeschiedenis op verborgen plekken in New York had opgeschreven.

'Ik ken REVS,' zei Radi grinnikend. 'Ik ben samen met hem opgegroeid.'

Op een koude winderige avond in februari zat ik in een pizzatent in Brooklyn tegenover REVS. Het was een setting die ik me zo vaak had voorgesteld dat het zelfs op het moment dat het gebeurde een herinnering leek. Er zat een bont gezelschap van kunstschilders, musici en filmmakers om de tafel. REVS was voor in de vijftig, met jongensachtige rode wangen en grijsblauwe ogen onder een wollen pet. Alle anderen maakten grappen en lachten, maar hij zat stil achterovergeleund op zijn stoel. Hij was op zijn hoede, argwanend jegens iedereen, en in het bijzonder tegenover mij, de enige die hij niet kende.

Ik wilde hem zeggen dat zijn dagboek voor mij een van de redenen was waarom ik verliefd was geworden op New York, dat ik bijna alle pagina's had getranscribeerd, dat ik zijn woorden bij vrienden citeerde en de teksten, afgezien van hemzelf, waarschijnlijk beter kende dan wie dan ook. Ter voorbereiding op de eetafspraak had ik een heel notitieboekje vol vragen over specifieke frases uit het dagboek genoteerd, in de veronderstelling dat we een soort close reading van zijn boek zouden doen. Maar zodra ik over het dagboek begon, met een nonchalante vraag over hoe hij op dat idee was gekomen, was het duidelijk dat hij er niet over wilde praten. Hij schoof op zijn stoel heen en weer en sloeg zijn armen over elkaar.

'Ik had een missie,' zei hij. Daarna richtte hij zich weer op zijn pizza, om aan te geven dat het gesprek ten einde was.

Ik probeerde hem nog te porren, maar weer liet hij niets los. 'Ik was gewoon op een missie, dat is alles wat ik erover wil zeggen,' luidde zijn antwoord.

We aten verder en er werden verhalen over het vroegere New York opgehaald, over oude graffitibendes die elkaar territorium betwistten. REVS gooide er nu en dan een woord tussendoor – hij hanteerde nog altijd het slang van een jonge graffitischrijver uit de jaren tachtig – maar bleef voor de rest stil.

Eindelijk, tijdens een korte stilte in de conversatie, kreeg ik oogcontact met hem. Het gaf me de moed om te vertellen dat ik in de metrotunnels was geweest, over de sporen had gelopen en dat ik elke keer wanneer ik een van zijn pagina's in het donker was tegengekomen een soort persoonlijke kick kreeg.

Hij keek me met halfdichte ogen aan, nog steeds nors, maar iets minder afwijzend.

Ik wilde hem een vraag stellen over een van de bladzijden die ik had gezien, nummer 80, waarin hij het begin van zijn leven in de graffitiscene beschreef. 'Ik werd getroffen door het idee om je stempel ergens op te drukken,' schreef hij, 'als ik dat ook zou kunnen, zou ik altijd blijven bestaan.' Ik vroeg me af of hij zich een toekomstige versie van New York voorstelde als een stad die was vervallen tot een overwoekerde puinhoop waarin een groepje voorzichtige verkenners ondergronds afdaalde en zich een weg baande door de beschimmelde tunnels, tot ze een van zijn bladzijden zouden tegenkomen, die nog altijd in het donker bewaard waren gebleven.

'Was het je bedoeling om met het dagboek iets te maken dat blijvend zou zijn?' vroeg ik.

Hij haalde zijn schouders op zonder iets te zeggen.

Even later draaide hij zich echter naar me toe en zei: 'Sommige bladzijden zijn verzegeld.'

Ik keek op.

'In die tijd schreef ik op de achterwanden van nooduitgangen,' zei hij. 'Een paar van die nissen zijn nu afgesloten met baksteen.'

'Wie heeft dat gedaan?' vroeg ik. 'De MTA?'

Ik stelde me een eenzame figuur voor, een man in een gestolen MTA-hesje en met een veiligheidshelm op zijn hoofd, die zich laat op de avond met een schop in zijn hand over een emmer cement boog en zijn eigen schilderingen steentje voor steentje in het donker opsloot.

REVS bleef me even recht in de ogen kijken, en wendde toen zijn blik af.

8

De donkere zone

'Ga duister om het duister te kennen.
Ga zonder zicht
en ontdek dat het duister ook
bloeit en zingt.'

Wendell Berry, 'To Know the Dark'

Op 16 juli 1962 maakte de drieëntwintigjarige Franse geoloog Michel Siffre hoog in de Frans-Italiaanse Alpen zijn helm vast, knikte ernstig naar een kleine kring van vrienden en uitzwaaiers en daalde via een ladder van staaldraad af in de mond van de diepe Scarasson. Op ruim 120 meter diepte raakte hij in complete duisternis de bodem van de grot en liet de lichtbundel van zijn zaklamp over de glanzende wanden van compact blauw ijs gaan. In de centrale kamer stond een rode nylon tent op hem te wachten, met een aantal vouwmeubels, een grote voorraad ingeblikt voedsel en water, en een eenrichtingstelefoon die via een draad met de buitenwereld verbonden was. Siffre gaf het bovengrondse team een teken door een rukje aan de ladder te geven en keek hoe die langzaam uit het zicht verdween totdat hij eenzaam in de duisternis en de stilte achterbleef. Hij zou de volgende twee maanden in absoluut isolement in deze onderaardse ruimte doorbrengen.

Het was een experiment in chronobiologie, de wetenschap die de ingeboren biologische ritmes van het leven bestudeert. Het idee was dat Siffres lichaam in de afzondering van de grot, in complete duisternis, afgesneden van zonsopgang en zonsondergang, zonder toegang tot een kalender of horloge, zou terugkeren naar de natuurlijke slaap-waakcyclus, de oerklok van het menselijk lichaam. Hij zou, in zijn eigen woorden, 'het oorspronkelijke ritme van de mens' ontdekken.

Tijdens zijn verblijf onder de grond zou Siffre het verloop van de tijd uitsluitend instinctmatig registreren. Hij hield zijn levensritme in een logboek bij: elke keer dat hij moe werd en ging slapen, wakker werd of iets at noteerde hij hoe laat het naar zijn idee was. Bovendien gaf hij zijn levensritme via de telefoon door aan zijn ondersteunende team in de bovenwereld, dat de objectieve tijd bijhield. Afgezien van deze informatieverstrekking was elke vorm van communicatie tussen Siffre en het team, bestaande uit een paar van zijn jaargenoten aan de Sorbonne, verboden, om te voorkomen dat ze per ongeluk een hint omtrent de tijd in de bovenwereld zouden geven. Na afloop van het experiment zou Siffre zijn subjectieve ondergrondse schema, met als tijdseenheid 'waken' met de objectieve registratie bovengronds vergelijken en kijken waar die van elkaar afweken.

Toen de ladder uit het zicht ratelde werd Siffre een vaste bewoner van de donkere zone. Hij had een paar zwakke zaklampen en een carbidlamp, maar om de batterijen en het gas te sparen liet hij die het grootste deel van de tijd uit. Hij bracht zijn dagen, of wat hij voor zijn 'dagen' hield, door met het luisteren naar sonates van

Beethoven die hij op een platenspeler draaide, en lezen bij het licht van de zaklamp (Tacitus, Cicero en een paar avonturenromans met overlevingsverhalen; hij had Plato's *Politeia* willen meenemen, met de beroemde 'allegorie van de grot', maar was het boek thuis vergeten). Hij droomde over zijn vriendin in Parijs of deed een spelletje waarbij hij probeerde in het pikkedonker suikerklontjes in een pot kokend water te gooien. Op zeker moment sloot hij vriendschap met een spin die hij in een klein doosje hield. ('Zij en ik zijn hier helemaal alleen,' schreef hij in zijn dagboek.)

Terwijl hij zijn ritme volgde – slapen, waken, slapen – merkte hij dat hij moeite kreeg met de eigenaardigheden van zijn onderaardse omgeving, een wereld van 'meedogenloze onveranderlijkheid'. Naarmate de dagen verstreken, verviel hij in een soort winterslaapachtige verdoving. Zijn stofwisseling vertraagde en zijn gezichtsvermogen en gehoor namen af, terwijl hij ook geestelijk op drift raakte. Hij werd geplaagd door de 'angstwekkende sensatie van oneindige ruimte' en vroeg zich af wat hem tot deze onderneming had gedreven. 'Ik was toch zeker nooit uit eigen vrije wil aan deze expeditie begonnen,' schreef hij. 'Een grotere kracht van buitenaf heeft me er ongetwijfeld toe gedwongen!' Hij begon te hallucineren en zag flitsende vlekken voor zijn ogen. Op zeker moment besefte hij dat hij schreeuwde in het donker. 'Nu begrijp ik,' schreef hij later, 'waarom volkeren in hun mythen de hel altijd onder de grond hebben gesitueerd.'

Op 14 september, Siffres drieënzestigste dag onder de grond, liet het ondersteunende team de ladder van staaldraad weer door de mond van de grot zakken, met de mededeling dat het experiment voltooid was. Siffre was verbijsterd: volgens zijn eigen schema van 'ontwakingen' was het 20 augustus. Zijn besef van tijd was een volle vijfentwintig dagen achteropgeraakt. Wonderlijk genoeg bleek uit het aan de oppervlakte bijgehouden logboek dat zijn lichaam het tijdsbesef niet was kwijtgeraakt: zijn gemiddelde slaap-waakcyclus schommelde rond de vierentwintig uur.

Siffre wijdde zijn hele leven aan de studie van zijn natuurlijke bioritmes in diepe grotten. Een paar jaar na het experiment in de Scarasson sloot de 'Jacques Cousteau van de Onderwereld' zoals hij bekend werd zichzelf op in een diepe grot bij Cannes. Voor een door NASA gesponsorde expeditie verbleef hij in 1972 zes maanden lang in isolement in de Midnight Cave in Texas, en toen hij zestig jaar was bracht hij twee maanden alleen door in de grot Clamouse in Frankrijk. In vrijwel alle gevallen kwam er een moment waarop zijn brein zich tegen hem keerde en hij dingen begon te ervaren die er niet waren. Bij het bestuderen van Siffres werk en het doorlezen van zijn verslagen over alle experimenten, kreeg ik het gevoel dat er meer bij deze expedities speelde dan slaapcycli en dat zijn langdurige ondergrondse retraites met iets anders en basalers te maken hadden.

In *Hors du temps* (Voorbij de tijd), het boek dat Siffre schreef over zijn eerste experiment in de Scarasson, vond ik een foto van de jonge wetenschapper zoals hij op de laatste dag van het experiment weer bovengronds kwam. Na twee maanden in de 'eeuwige onderaardse nacht' was hij te zwak om zelf naar boven te klimmen, zodat hij in een parachutistenharnas uit de grot werd gehesen. Siffre bungelde slap als een marionet aan de touwen en zweefde tussen bewustzijn en bewusteloosheid. Met de zwartgemaakte bril die hij droeg om zijn ogen tegen het zonlicht te beschermen leek hij een ruimtereiziger. Hij was nog slechts een schim van de man die hij twee maanden eerder was geweest: bleek, met holle wangen, mager als een skelet, alsof hij was gestorven en weer naar het land van de levenden werd gehesen.

Het beeld van Siffre die uit de Scarasson terugkeerde deed me

denken aan een verhaal over Pythagoras, de oude Griekse filosoof die bekendstond om zijn langdurige retraites in grotten.

Pythagoras is tegenwoordig vooral bekend als wiskundige,

maar tijdens zijn leven in de zesde eeuw v.Chr. werd hij geroemd als een soort halfgod, een wijze die 'de muziek der sferen' kon horen, zoals een tijdgenoot schreef. Geen van zijn geschriften is bewaard gebleven, maar zijn volgelingen vertelden dat hij zieken genas met incantaties, aardbevingen voorspelde, zware onweersbuien onderdrukte, naar het verleden reisde en de gave van bilocatie had, dat wil zeggen dat hij op twee plaatsen tegelijk kon zijn. Rekening houdend met een behoorlijke mate van overdrijving kunnen we toch zeggen dat niemand eraan twijfelde dat Pythagoras in een of andere vorm over bovenmenselijke capaciteiten beschikte. (Zelfs de nuchtere Aristoteles erkende: 'Onder de rationele wezens zijn er goden, mensen en schepselen als Pythagoras.') Iedereen was het er ook over eens dat Pythagoras' gewoonte om zich gedurende lange tijd in donkere grotten terug te trekken de bron van zijn wijsheid was. Hij had zijn eigen grot op Samos, die hij zijn 'Huis van de Filosofie' noemde, waar hij zich in het donker terugtrok om over de complexiteit van de kosmos te mediteren. Ooit wikkelde de filosoof zich in de wol van een zwart lam en daalde hij af in een grot op Kreta, waaruit hij pas zevenentwintig dagen later weer tevoorschijn kwam. Toen hij ten slotte bleek en haveloos uit het donker opdook, verklaarde hij tegenover zijn discipelen dat hij de dood had ervaren, een tocht naar Hades had gemaakt, was teruggekeerd en nu over een heilige kennis beschikte die alle sterfelijke maat te boven ging.

Ik dacht over deze parallelle retraites in grotten na: Siffre die in het donker afdaalde om zijn biologische grenzen te verkennen en Pythagoras die afdaalde om mystieke wijsheid te zoeken. De twee leken een band met elkaar te hebben en over de tweeduizend jaar die hen scheidde heen een geheim te delen. Het was mijn nieuwsgierigheid naar die verre echo die me ertoe bracht een onwetenschappelijk en misschien roekeloos experiment uit te voeren. Ik zou mijn eigen retraite in de donkere zone uitvoeren. Ik zou mijn kamp op de bodem van een grot opslaan en vierentwintig uur alleen in ononderbroken duisternis doorbrengen.

Om de logistiek voor het experiment te helpen opzetten riep ik de hulp in van Chris Nicola, een medegrotonderzoeker en vriend uit New York. Als een van de meer ervaren onderzoekers in de Verenigde Staten had Chris tientallen grotten over de hele wereld verkend. Ook had hij heel veel nagedacht over een langer verblijf in de donkere zone. Toen hij in 1993 een gipsgrot in het westen van Oekraïne onderzocht, de zogeheten Priestergrot, ontdekte hij een oud kampement op ruim 20 meter onder de grond. Hij vond houten ledikanten, gebroken aardewerk, porseleinen knopen, een maalsteen voor graan en ruim tien leren schoenen. Jarenlang was hij bezig om het raadsel van het kamp in de Priestergrot te ontrafelen. Hij ontdekte dat een groep van achtendertig Oekraïense Joden, onder wie oudere vrouwen en jonge kinderen, tijdens de Tweede Wereldoorlog anderhalf jaar onder de grond had geleefd om aan de nazi's te ontkomen. Hij speurde alle overlevenden uit de grot op, ondervroeg hen over hun ervaringen in de onderaardse duisternis en vertelde hun verhalen in het boek *The Secret of Priest's Grotto* en de documentaire *No Place on Earth*.

Ik vertelde Chris dat ik onderzoek wilde doen naar de effecten van de donkere zone op de menselijke geest, en hij wist precies waar ik het over had. Hij wist zelfs waar ik naartoe moest om mijn experiment uit te voeren. Hij had een oude vriend, Craig Hall, die ook grotonderzoeker was en die in Pocahontas County, West Virginia, woonde en daar een groot stuk land had dat bezaaid was met grotten.

'Craig kent de duisternis van grotten zelf ook heel goed,' zei hij. 'Ga hem opzoeken. Hij helpt je het experiment op te zetten.'

Onderweg door West Virginia via kronkelende bergwegen langs scheefgezakte hutten, hengelsportwinkels en plattelandskerken kon ik zweren dat de koele, muskusachtige grotgeur me uit de bomen tegemoetwaaide. Dit is het land van de grotten. Bijna de hele staat ligt op karst, het kalkgesteente dat zo makkelijk door water wordt uitgehold om grotten te vormen. Volgens de National Speleological Society is West Virginia dan ook bezaaid met zo'n 4700 grotten, ofwel ongeveer twee per vierkante kilometer, de hoogste dichtheid in het hele land. Toen ik voor een sandwich bij een kleine kruidenierszaak in de buurt van Craigs huis in Hillsboro stopte, vroeg het oudere echtpaar achter de balie wat me hier bracht vanuit het noorden. Ik vertelde dat ik een man ging opzoeken die een aantal grotten bezat.

'Als je hier een stukje land hebt,' zei de man,' heb je ook grotten.'

Craig Hall stond me op zijn oprijlaan achter een muur van bomen in de heuvels op te wachten. Hij was een grote, slanke man van midden zestig, met lange, pezige ledematen die hem tijdens zijn veertig jaar van grotverkenningen goed van pas waren gekomen. Zijn haar droeg hij strak naar achteren getrokken in een wilde, grijze paardenstaart, als de Amerikaanse pioniers op oude schilderijen. Samen met zijn echtgenote Tiki, een kleine, intelligente vrouw die ook grotten verkende, woonde hij in een ruig stuk bosgebied van tachtig hectare, in een huis van twee verdiepingen dat in het niet viel naast de torenhoge eiken. De twee hadden elkaar in de vroege jaren zeventig van de vorige eeuw op een hippieboerderij in North Carolina ontmoet, waarna ze in hun vw-bus naar het landelijke West Virginia waren gereden. Wat ze zagen stond hun aan, en dus waren ze gebleven. Dat was veertig jaar geleden, lang genoeg om het hier thuis te noemen, maar niet zo lang dat ze blind waren geworden voor de bizarre kanten van de Appalachen. Craig vertelde dat er oude families waren die hier al zo lang en zo geïsoleerd woonden dat ze nog altijd het Ierse accent van hun voorvaderen hadden, en in een naburige gemeente woonde een familie van beruchte moordenaars, die allemaal een dubbele rij tanden hadden. Vrienden van hem hadden bovendien geesten in de heuvels gezien, jonge soldaten in het uniform van de Confederatie, die met musketten in de hand door het bos marcheerden.

'Het heeft geregend, dus de meeste grotten hier zijn ondergelopen,' zei Craig. 'Maar ik heb er een die heel geschikt is voor jou.'

Aangekomen voor de ingang van Martens Cave voelden we een zucht koele lucht uit het donker komen. De grot was ongeveer vierhonderd meter lang, legde Craig uit, en er liep een stroompje doorheen. Je kon makkelijk in- en uitlopen, wat handig was voor mij, maar ook voor wilde dieren. Voor de mond van de grot nam hij een lijstje door van de beesten die ik zou kunnen aantreffen. Wasberen ('die zijn er altijd'), beren ('niet zoveel in deze tijd van het jaar, maar misschien toch'), bosratten ('als je een klein bergje bla-

deren ziet, zijn zij het'), lynxen ('waarschijnlijk'), poema's ('yep'). Hij zweeg even en merkte misschien dat ik een beetje bleek was geworden. Al met al hoefde ik me geen zorgen te maken, zei hij ten slotte. 'Bedenk dat mensen niet goed smaken. Bemoei je niet met hen, dan bemoeien zij zich niet met jou.'

Het was even na zes uur in de middag. We spraken af dat Craig me zou komen zoeken als ik de volgende dag niet rond dezelfde tijd bij zijn huis verscheen. Daarop liep hij terug naar zijn pick-up en ging ik de duisternis tegemoet.

Mijn verblijf in Martens Cave was luxueus vergeleken met dat van Siffre in Scarasson. Ik installeerde me op zo'n honderd meter van de ingang op een stuk zachte, droge aarde, waar het plafond hoog genoeg was om te kunnen staan. Het was er ongeveer 13 °C en het stroompje op zo'n zes meter afstand van mijn kampement kabbelde zachtjes voorbij. Ik legde mijn slaapzak bijna pal tegen de grotwand, zodat een poema me niet van achteren zou kunnen bespringen. Toen ik met mijn lamp omhoogscheen, fonkelden de druppels condensvocht op de rots als sterren aan de hemel.

Ik at een boterham en nam een slok uit de fles met zelfgestookte drank die ik van een bevriende grotverkenner uit de buurt had gekregen met de woorden: 'Veel succes.' Daarna plaste ik in het stroompje, ging op mijn slaapzak zitten en keek op mijn horloge. 18:46 uur. Ik vermande me, haalde diep adem, greep naar mijn mijnwerkerslamp en knipte het licht uit.

In het begin was de duisternis niet zo'n grote schok. Niet heel anders, vond ik, dan midden in de nacht in een vreemde kamer wakker worden en wachten tot je ogen aan het donker zijn aangepast. Ik leunde achterover tegen een klein rotsblok en trok de slaapzak over mijn schoot. Het boertje dat ik liet had de geur van sterkedrank. Ik voelde me glazig kalm, sloeg mijn benen over elkaar, rechtte mijn rug en staarde in het donker; die eerste paar momenten concentreerde ik me op mijn ademhaling en voelde ik mijn gedachten vervagen. Ik stelde me voor dat ik zo dagen kon blijven zitten. Maar alles veranderde doordat ik met mijn ogen knipperde. Hoewel ik dat deed zag ik geen enkel bewijs voor die actie. Ik voelde de daad van het knipperen: samentrekkende spieren, oogleden die sloten, wimpers die elkaar raakten, oogleden die opengingen, maar er was geen resultaat te merken. Het voelde alsof mijn lichaam en brein niet met elkaar communiceerden, alsof er een elektriciteitsleiding door storm was uitgevallen.

Onze afkeer van de duisternis vindt zijn oorsprong in onze ogen. Wij zijn diurnale wezens, overdag actief, wat betekent dat onze voorouders tot in de kleinste fysiologische details waren aangepast om bij het licht van de zon voedsel te zoeken, te navigeren en een schuilplaats te zoeken. En inderdaad: bij daglicht zijn onze ogen fantastisch. We bezitten een overvloed aan lichtgevoelige cellen,

zogeheten 'kegels', die ons in staat stellen scherp op details in te zoomen: onze voorouders konden prooidieren aan de horizon onderscheiden, of aan de exacte kleur van een vrucht in een boom zien of die rijp was of niet. Maar zonder zonlicht zijn onze ogen vrijwel nutteloos. We hebben weliswaar veel kegeltjes, maar veel minder van een ander type lichtgevoelige cellen, de 'staafjes', die het zicht bij weinig licht mogelijk maken. Als de zon 's avonds onderging, werden onze voorouders kwetsbaar en veranderden ze van jagers in prooien in een wereld die beheerst werd door nachtelijke jagers die uitstekend konden zien in het donker: leeuwen, hyena's, sabeltandtijgers, giftige slangen. Voor de vroege mensen moet een tocht over de savanne in het donker het toppunt van verschrikking zijn geweest wanneer ze de poten van een roofdier op de grond hoorden roffelen.

In het moderne Westen zijn we niet langer bang voor nachtelijke overvallen van sabeltandtijgers, maar nog steeds huiveren we in het donker. 'Na duizenden jaren zijn we nog altijd vreemdelingen in het donker,' schreef Annie Dillard, 'angstige buitenstaanders in een vijandig kamp, met de armen voor de borst gekruist.' Ik heb me vaak ongemakkelijk gevoeld in het donker: als kind tijdens het verstoppertje spelen met een bonkend hart achter in de kast van mijn vader; in de Australische bush, waar ik zonder een zaklamp moest gaan plassen, de tent uit het zicht verloor en door het donker stommelde terwijl ik me een roedel hongerige dingo's voorstelde; na de orkaan Sandy in New York met rechtopstaande nekharen te voet onderweg door de donkere straten van Manhattan, waar de elektriciteit was uitgevallen. Maar dat waren gedeeltelijke duisternissen, met altijd het lichtpuntje van een sleutelgat, of de sterrengloed aan de hemel. In die omstandigheden past het oog zich altijd aan en gaat de pupil open om zo veel mogelijk fotonen te verzamelen. Zo niet onder de grond. In de duisternis van een grot dringt geen enkele foton door. Hier heerst de zware, oude duisternis van het Bijbelboek Genesis.

Mijn gedachten wurmden zich in mijn lichaam naar binnen en vraten aan mijn inwendige structuur. Het voelde alsof ik werd opengelegd, binnenstebuiten gekeerd. Ik voelde het ritmische samentrekken van mijn hart, mijn longen die als ballonnen opzwollen in mijn ribbenkast, mijn strotklepje dat open- en dichtklapte. Nu het zicht ontbrak, bloeiden mijn andere zintuigen op. Het geluid van het stroompje dat ik bij het binnengaan van de grot nauwelijks had opgemerkt, vulde nu de hele ruimte met een rijke variatie aan patronen. De geuren van modder en vochtige kalksteen intensiveerden tot het punt dat ze haast als materie aanvoelden. Als er een waterdruppel van het plafond viel en op mijn voorhoofd uiteenspatte, sprong ik bijna uit mijn slaapzak.

De eerste studies naar sensorische deprivatie (tekort aan zintuiglijke indrukken) kwamen voort uit een geheim militair experiment op het gebied van hersenspoeling en gedachtecontrole tijdens de Koude Oorlog. In de vroege jaren vijftig van de vorige eeuw doken er beelden op uit Korea van Amerikaanse krijgsgevangenen die het kapitalisme afzwoeren en de deugden van het communisme verkondigden. De CIA was ervan overtuigd dat de soldaten waren gehersenspoeld en begon onmiddellijk met het zogeheten Project Bluebird, een onderzoek naar technieken van gedachtemanipulatie. De psycholoog Donald Hebb maakte deel uit van het onderzoeksteam en stelde voor om een experiment te doen met wat hij 'sensorische isolatie' noemde.

Hebb was niet zozeer geïnteresseerd in het daadwerkelijke hersenspoelen, maar was al wel langer benieuwd naar de reactie van het brein op de afwezigheid van prikkels. Hij werd bijvoorbeeld geïntrigeerd door rapporten over piloten van de Royal Air Force die, nadat ze urenlang in hun eentje hadden gevlogen en naar dezelfde onveranderlijke lucht hadden gekeken, plotseling, ogenschijnlijk zonder reden, de controle over het toestel verloren en neerstortten. Ook de verhalen over zeelieden die fata morgana's zagen nadat ze langdurig naar een statische horizon op zee hadden gestaard fascineerden hem. En hetzelfde gold voor de waarschuwing van de Inuit aan stamgenoten om niet alleen te gaan vissen, omdat je bij afwezigheid van menselijk contact en zonder visuele oriëntatiepunten in het witte Arctische landschap gedesoriënteerd kon raken en misschien de zee op peddelde om nooit meer terug te keren. Hebb vroeg zich af of hij door de neurologische reactie op isolatie te onderzoeken vragen over de structuur van de hersenen zou kunnen beantwoorden.

De onderzoeker construeerde voor Project X-38 een reeks geluiddichte cellen van 1,2 x 1,8 x 2,4 meter, voorzien van airconditioning. Vervolgens wierf hij vrijwilligers die hij twintig dollar per dag betaalde om in de cellen te gaan liggen, waar ze onderworpen werden aan 'perceptuele isolatie'. Ze kregen gematteerde brillen op die 'patroonvisie' voorkwamen en droegen katoenen handschoenen en kartonnen mouwen van de elleboog tot de vingertoppen om tactiele prikkels te reduceren. Hun oren werden bedekt met een U-vormig schuimkussen. De cellen hadden observatievensters en een intercom voor de communicatie van het onderzoeksteam met de deelnemers. Hebb instrueerde zijn vrijwilligers om zo lang mogelijk in de cel te blijven, tot ze het niet meer uithielden.

Aanvankelijk had de onderzoeker luchtig tegen Project X-38 aangekeken en grapte hij dat voor de deelnemers de maaltijden die zijn studenten bereidden het ergste onderdeel van de isolatie zouden zijn. Maar toen de resultaten binnenkwamen, was hij stomverbaasd: de desoriëntatie van de deelnemers was veel extremer dan hij zich had voorgesteld. Een van de vrijwilligers verliet na voltooiing van de studie de parkeerplaats van het laboratorium en reed zijn auto total loss. Het kwam verschillende keren voor dat deelnemers, wanneer ze even pauzeerden om hun behoefte te doen, in de toiletruimte verdwaalden en door een onderzoeker geholpen moesten worden om de uitgang te vinden.

Het meest verbazingwekkend waren de hallucinaties. Na niet meer dan een paar uur in isolatie zagen en voelden vrijwel alle deelnemers dingen die er niet waren. Eerst zagen ze pulserende punten en eenvoudige geometrische patronen, die vervolgens uitgroeiden tot complexe geïsoleerde beelden die door de ruimte zweefden. Ten slotte ontwikkelden deze beelden zich tot volledige scènes die zich voor de ogen van de deelnemers afspeelden – het was 'dromen terwijl je wakker bent,' zoals een van de vrijwilligers het beschreef. Een van hen rapporteerde dat hij een stoet eekhoorns met sneeuwschoenen en rugzakken 'doelbewust' over een sneeuwvlakte zag marcheren. Een ander zag een badkuip die bestuurd werd door een oude man met een metalen helm. In een heel extreem geval zag een deelnemer een tweede versie van zichzelf in de kamer: hij en zijn verschijning begonnen zich met elkaar te vermengen totdat hij niet meer kon uitmaken wie wie was. 'Het is één ding om te horen dat de Chinezen hun gevangenen aan de andere kant van de wereld hersenspoelen,' schreef Hebb, 'maar het is nog iets anders om in ons eigen laboratorium te ontdekken dat het eenvoudig wegnemen van de gebruikelijke beelden, geluiden en lichaamscontacten gedurende enkele dagen een gezonde universiteitsstudent tot in de kern van zijn wezen kan treffen; zijn persoonlijke identiteit kan verstoren.'

Tegenwoordig begrijpen we het neurologische mechanisme achter deze reacties min of meer. Onze hersenen ontvangen op ieder willekeurig moment een stortvloed aan zintuiglijke informatie, visueel, auditief, tactiel enzovoorts. We zijn zo gewend aan deze voortdurende datastroom dat, wanneer die plotseling wordt onderbroken, ons brein in feite zijn eigen prikkels gaat produceren. Het identificeert zijn eigen patronen en combineert elke minieme oprisping in de visuele cortex met beelden die in het geheugen vastliggen om scènes te ontwikkelen die uitermate levendig kunnen zijn, hoe ver ze ook van de realiteit staan. Tijdens een bijzonder verhelderend experiment werkten onderzoekers van het Max Planck Instituut voor hersenonderzoek in Frankfurt in 2007 samen met de Duitse kunstenares Marietta Schwarz, die vrijwillig

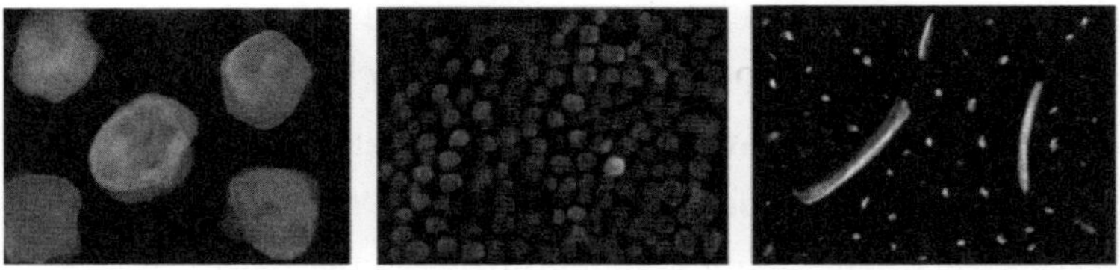

tweeëntwintig dagen lang een blinddoek droeg. *Blindversuch*, zoals Schwarz haar project noemde, maakte deel uit van een groter kunstproject, *Ruimtekennis*, dat ook interviews met blinden over perceptie, beelden, ruimte en kunst omvatte. Schwarz zat geblinddoekt in het laboratorium en hield met een dictafoon een nauwkeurig, realtime dagboek bij van alles wat er in haar hersenen gebeurde. Ze rapporteerde een hele reeks hallucinaties, inclusief ingewikkelde abstracte patronen als oplichtende amoebes, gele wolken en dierlijke sporen. De onderzoekers volgden ondertussen met behulp van een fMRI-scanner (functional magnetic resonance imaging) de neurologische activiteit achter haar hallucinaties. Ondanks het totale gebrek aan visuele input, lichtte Schwarz' visuele cortex op als een lantaarn, alsof ze helemaal geen blinddoek voor had. In de wereld van haar hersenen waren de hallucinaties dus even echt en realistisch als alles wat ze kon aanraken, proeven of ruiken.

Ik zat misschien twee uur in het donker toen ze verschenen. Vlak boven mijn hoofd: kleine gloeiende lichtbolletjes met vage kringen eromheen (areola's), die een zachte, pulserende dans uitvoerden. Ze verschenen langzaam en voorzichtig, alsof iemand in de verte zachtjes begon te zingen. Ik lag in het donker en probeerde me niet te bewegen, zelfs niet te ademen, alsof het wilde dieren waren die weg zouden schieten als ze schrokken van een plotselinge beweging. De lichtjes lieten mijn bewustzijn langzaam afdalen in herinneringen, weer opkomen en weer wegzakken. Ik ben een jongen die voor het ochtendgloren op een dak in Providence naar een prachtige meteorenregen zit te kijken. Ik zit als achttienjarige in een boot in een lagune bij Costa Rica en kijk naar de vlekken van lichtgevend plankton die op zee drijven. Ik ben alleen op de vlakten van Centraal-India en volg een grillige wolk van lichtgevende insecten. In de rationele regionen van mijn bewustzijn wist ik dat deze lichtbollen fantomen waren, het product van een afwijking in mijn zenuwgestel, maar ze waren niettemin uiterst levendig aanwezig: ze groeiden en krompen, klonterden samen en splitsten zich op. Naarmate de lichten feller werden, ervoer ik een mysterieuze gewichtloosheid, alsof ik zachtjes door de ruimte viel. Ze werden nog feller en plotseling besefte ik dat mijn hele lichaam was verstijfd en dat ik mijn rug kromde alsof iets me naar die lichten toe trok.

Via een lange en ingewikkelde lijn kan mijn ervaring in de donkere zone van de Martens Cave in verband worden gebracht met

een ritueel van de !Kung San, een stam van jager-verzamelaars in Zuid-Afrika. Zoals ik eerder al schreef, zijn de San genetisch gezien ’s werelds oudste bevolkingsgroep; ze zijn ook een van de meest geïsoleerd levende volkeren. Antropologen bestuderen hun rituelen vaak om inzicht te krijgen in de denkwijzen en overtuigingen van oude jager-verzamelaarsgemeenschappen die in de nevelen van de geschiedenis zijn verdwenen. Een van die rituelen is de ‘trancedans’. Die begint ’s avonds rond een kampvuur, waar de aanwezigen de ingewikkelde ritmes van heilige liederen klappen. Een sjamaan van de stam begint met zijn voeten het ritme te stampen. Aanvankelijk is het een vrije dans, waar de kinderen op meespringen, maar naarmate de uren verstrijken danst de sjamaan steeds feller en fanatieker. Als het ochtendgloren nadert krijgt de zwetende en hyperventilerende danser iets koortsachtigs, tot hij struikelt, in elkaar zakt en schuddend en kronkelend in een halfbewuste staat op de grond blijft liggen, zijn ogen weggedraaid.

In die staat ervaart de sjamaan een tijdelijke dood, aldus de San. Zijn geest verlaat zijn lichaam en reist naar de onderwereld van de geesten, een tocht die begint met een afdaling in een onderaards domein. Sjamaan Diä!kwain beschreef hoe zijn geest ‘ver door de aarde reisde en op een andere plaats weer bovenkwam’. De geest van de sjamaan voert taken uit in de andere wereld. Hij kan de zielen van overledenen naar het hiernamaals begeleiden, voorouderlijke geesten sommeren om regen te brengen of de bewegingen van prooidieren beïnvloeden. Nadat hij uit zijn trance is teruggekeerd, rapporteert de sjamaan zijn bevindingen in de onderwereld aan de rest van de stam.

Godsdienstwetenschappers noemen deze staat van semibewustzijn een ‘extatische toestand’, afgeleid van het Griekse *ekstasis*, ‘buiten zichzelf treden’; psychologen noemen het een ‘veranderde bewustzijnsstaat'. Onderzoekers weten al lang dat het bewustzijn een spectrum van vele lagen omvat. In 1902 schreef William James: 'Ons normale wakende bewustzijn, het rationele bewustzijn, zoals we dat noemen, is niet meer dan een bijzondere soort bewustzijn, terwijl er, slechts door de dunste schermen ervan afgescheiden, volstrekt andere mogelijke vormen van bewustzijn omheen liggen.'

Onderzoekers verdelen het spectrum in een opeenvolging van stadia tussen het wakende, dagelijkse bewustzijn en de onbewuste droomtoestand. Wanneer we ons langs dit traject bewegen, zoals we elke avond doen wanneer we in slaap vallen, raken we steeds verder los van externe prikkels – de beelden, geluiden en geuren van onze onmiddellijke omgeving – en verschuift het accent naar binnen, naar het onbewuste. Onze gedachten vallen uiteen en drijven weg van de lineaire logica van het wakende bewustzijn, tot we in het vloeibare domein van de dromen zweven.

Maar dit traject kan gemanipuleerd worden. Als de elektrochemie van ons brein op een bepaalde manier wordt veranderd, kunnen we de naar binnen gerichte toestand kunstmatig oproepen en zo, zelfs als we wakker zijn, de droomstaat bereiken, zoals dat met de dansende San-sjamaan gebeurt. Volgens antropoloog Lynne Hume van de Universiteit van Melbourne, die veranderde bewustzijnsstaten bij traditionele culturen bestudeert, blokkeren we op dat moment het 'logische, rationele gedachteproces en komen we open te staan voor buitengewone ervaringen'. In die toestand hebben we toegang tot 'kennis die afwijkt van de kennis die intellect en rede opleveren'.

In het moderne Westen associëren we een veranderende bewustzijnsstaat met drugsgebruik of ziekelijke afwijkingen die om medicijnen of behandeling in een psychiatrische inrichting vragen. In de premoderne wereld waren zulke fenomenen echter belangrijk voor, misschien zelfs de kern van, religieuze ervaringen. Vrijwel iedereen die nu op deze planeet rondloopt stamt af van mensen die geloofden dat een trancetoestand een manier was om goddelijke kracht op te roepen en toegang te krijgen tot de geestenwereld. Volgens een in 1966 door antropoloog Erika Bourguignon verricht onderzoek naar 488 traditionele culturen over de hele wereld, praktiseerden 437 daarvan (90%) een of andere vorm van tranceritueel. (Dit cijfer wordt nu dichter bij de honderd procent geschat omdat van veel Zuid-Afrikaanse culturen die Bourguignon niet meetelde inmiddels is vastgesteld dat ook zij rituelen voor bewustzijnsverandering uitvoerden.) Gewijzigde bewustzijnsstaten zijn nog altijd wijdverspreid in religieuze praktijken: de voodoopriesters op Haïti spreken in tongen, soefimystici dansen zichzelf in trance en leden van pinkstergemeenschappen raken in geestelijke vervoering en ervaren epilepsieachtige toevallen.

De details van de rituelen verschillen van cultuur tot cultuur, maar de overtuigingen delen hetzelfde basispatroon: als de sjamaan of priester in trance raakt, verlaat zijn geest het lichaam en reist naar de andere wereld, waar hij toegang krijgt tot mystieke kracht en bovenmenselijke wijsheid alvorens naar het aardse niveau en het lichaam terug te keren. De verschillende manieren om een trance op te roepen, de 'technieken van de extase' zoals godsdiensthistoricus Mircea Eliade ze noemde, imiteren de neurologische ervaring van het binnengaan van een droombewustzijn door de stroom van zintuiglijke indrukken te blokkeren of te isoleren en zo een 'geestelijk opgeroepen verdoving van de lichamelijke zintuigen' te bewerkstelligen. Mensen bereikten deze staat door psychotrope middelen te gebruiken, te vasten, wild te dansen, zich uit te putten door te zingen of hypnotiserende ritmische muziek te maken.

Of ze gingen ondergronds. De donkere zone van een grot is sinds mensenheugenis het ideale decor om een bewustzijnsverandering te bewerkstelligen. Keltische zieners sloten zichzelf in grotten op voordat ze hun profetieën uitspraken. Tibetaanse monniken en lama's mediteren in berggrotten. De sjamanen van de Shoshone en Lakota, en van veel andere stammen van oorspronkelijke Amerikanen, trekken zich in ondergrondse grotten terug om 'visioentochten' te maken, zoals ook de mystici van de Wolof-cultuur in Senegal en de Murut-sjamanen in Maleisië dat doen. In het oude Griekenland en Rome leverden de orakels hun profetieën altijd van onder de grond: de fameuze Sibille van Cumae die Aeneas naar de onderwereld leidde, verbleef in een diepe grot, waar ze in een staat van trance heilige orakelspreuken uitte. Ook bij de rituelen die rond het almachtige orakel van Delfi werden uitgevoerd, draaide het om een grot. (Het woord Delfi zelf zou naar verluidt zijn afgeleid van *delfos*, wat 'uitholling' betekent.) Toen Pythagoras zichzelf in grotten opsloot, riep hij een andere bewustzijnsstaat op om zich buiten de aardse werkelijkheid te kunnen begeven.

Het is bijna niet te overschatten hoe diep en breed deze traditie verspreid is. Mohammed ontving zijn eerste boodschappen van Allah in de grot van Hira in Saoedi-Arabië. De wijze rabbi Simeon ben Yahai bracht twaalf jaar in een grot door met het bestuderen van de Thora, en toen hij weer tevoorschijn kwam verbrandde hij mensen met zijn blik. Elia hoorde de stem van God voor het eerst in een grot, net als Johannes die de visioenen van het Bijbelboek Openbaring ontving toen hij in een duistere grot op Patmos zat. Toen Mozes vroeg om de majesteit van God te mogen zien, plaatste God hem 'in een kloof', en wie nu met een groep toeristen het Heilige Land bezoekt krijgt op de top van de berg Sinaï de grot te zien waar Mozes de Tien Geboden ontving.

In zijn 'allegorie van de grot' vertelt Plato ons dat de weg naar de wijsheid omhoog is, dat rede en logica zich in de bovenwereld bevinden, in de met licht vervulde hemelen. Pas wanneer de gevangene uit de duisternis en de benauwdheid van de grot ontsnapt en naar het oppervlak klimt, wordt de werkelijkheid hem duidelijk. Wat Plato echter niet zegt is dat de wereld nog een ander soort wijsheid bevat, een oudere, aardse wijsheid die dieper gaat dan logica en rede. De weg naar die duistere wijsheid loopt naar beneden, dieper de grot in. We gaan het duister in om het goddelijke, het mystieke, het verborgene aan te raken.

Je kunt in bijna elke grot ter wereld waarin je voorbij de schemering in de donkere zone afdaalt de restanten van oude religieuze riten vinden: graven overladen met grafgiften; heilige schilderingen op de wanden; stenen altaren met de sporen van oude vuren; benen fluiten om ceremoniële liederen te spelen; de onstuimige voetafdrukken van rituele dansen en de skeletten van dieren- en mensenoffers.

Na een poosje begonnen de lichtbollen boven mijn hoofd te flikkeren en op te lossen. Mijn spieren ontspanden en de spanning vloeide weg uit mijn nek. Ik ging weer plat op de bodem van de grot liggen, knipperde met mijn ogen, knipperde nog eens. De duisternis om me heen zonk weer weg in stilte. Ik bleef een poosje in het donker staren en dacht na over wat ik net had ervaren. Ik vond het opvallend dat mijn reacties op de duisternis willekeurig waren, reflexief, als een onderbeen dat omhoogschiet na een tikje van een rubberhamer onder de knie. De pulserende lichtjes waren geheel en al het product van mijn biologische architectuur, voortgebracht door mijn hersenen en zenuwstelsel, structuren die deel uitmaken van de basisstructuur van de hersenen bij iedere homo sapiens die ooit op aarde heeft rondgelopen. En dat betekent dat de sensaties die ik in het donker van de Martens Cave beleefde al honderdduizenden jaren lang door mensen over de hele wereld zijn ervaren.

Psychologen noemen deze kleine hallucinaties 'entoptische fenomenen', naar het Griekse *entos-* (binnen) en *-op* (zien), waarmee ze naar hun oorsprong in het brein en het visuele verwerkingssysteem verwijzen. De gloeiende lichtbollen die ik zag, samen met andere eenvoudige geometrische patronen als lijnen, rasters en zigzagfiguren markeren de eerste fase van een veranderde staat van bewustzijn. Ze zijn universeel: de sjamanen van de San in Afrika, van de Tucano in het Amazonegebied en de heilige mannen van de Altaj in Siberië geven allemaal aan dat ze in de vroege stadia van hun trance entoptische fenomenen zien, zoals die ook beschreven werden door deelnemers aan neurowetenschappelijke experimenten in het Westen, bijvoorbeeld door de vrijwilligers van Donald Hebbs Project X-38.

Er is een tweede, even universeel patroon in onze ervaringen van een veranderd bewustzijn en dat brengt ons bij de kern van onze relatie met het ondergrondse landschap. De Zuid-Afrikaanse antropoloog David Lewis-Williams ontdekte het verschijnsel in de vroege jaren tachtig van de vorige eeuw in etnografische beschrijvingen van sjamanen die in trance raakten. Sjamanen over de hele wereld vertellen dat ze, wanneer ze in de diepste fase van hun bewustzijnsverandering treden, waarin ze een rituele dood ondergaan en naar de geestenwereld reizen, de sensatie hebben dat ze afdalen in een gat in de grond, een draaikolk of onderaards portaal. Sjamaan Diä!kwain van de San beschrijft het als 'ver door de aarde reizen', een Inuit-sjamaan ervaart zijn passage naar de geestenwereld als een reis over 'een pad recht de aarde in' waarbij hij 'bijna glijdt alsof hij door een om zijn lichaam passende koker valt'. Heilige mannen van de Conibo-stam in Peru zeggen dat ze de wortels van een boom de aarde in volgen en een sjamaan van de

Algonkin-stam in Canada beschrijft 'het pad van de geesten' als 'een gat dat naar de ingewanden van de aarde leidt'.

Precies dezelfde beelden verschijnen ook in de contemporaine psychologie: als deelnemers aan experimenten in een laboratorium de diepste stadia van een veranderde bewustzijnstoestand bereiken, krijgen ze het gevoel dat ze door een donkere opening in de grond afdalen. De neurowetenschapper Ronald Siegel van de UCLA stelde vast dat in achtenvijftig verslagen over acht typen van hallucinaties de sensatie van een val door een duistere tunnel het vaakst voorkwam. Dat was vooral het geval in verslagen over zogeheten bijna-doodervaringen waarin iemand bijvoorbeeld een hartaanval kreeg, in de ambulance dood werd verklaard maar toch weer bijkwam. Patiënten vertellen na zo'n gebeurtenis vaak over ervaringen die vrijwel identiek zijn met wat een sjamaan beleeft die in trance raakt en een rituele dood sterft. In een studie die in de jaren zeventig van de vorige eeuw kortstondig de bestsellerlijsten haalde, interviewde psychiater Raymond Moody honderdvijftig mensen over hun bijna-doodervaring. De sensatie die het meest genoemd werd was het gevoel 'heel snel door een soort donkere ruimte te worden getrokken'. Hij somde de beelden op die voor het gevoel werden gebruikt: 'een grot, een bron, een gat, een afgesloten ruimte, een tunnel, een buis, een vacuüm, een leegte, een riool'. Een overlevende vertelde dat ze door een portaal reisde dat 'precies om mijn lichaam paste', zoals ze het uitdrukte. 'Mijn handen en armen leken zich tegen mijn zij te bevinden. Ik ging voorover naar beneden, en het was donker, zo donker als maar zijn kon. Ik daalde door het portaal af naar beneden.'

Mijn gastheer in West Virginia, Craig Hall, had mij overigens de vorige middag, vlak voordat ik de Martens Cave binnenging, precies zo'n zelfde verhaal verteld. Ik zat op de bumper van mijn auto om de veters van mijn laarzen vast te maken en vroeg: 'Heb jij ooit alleen in een grot gezeten?'

'Nee, niet echt,' antwoordde hij. 'Maar soms laat ik de andere onderzoekers naar een ander deel van de grot gaan. Dan doe ik mijn lamp uit en blijf alleen in een kamer zitten.'

'Heb je ooit iets vreemds gevoeld?' vroeg ik.

'Je bedoelt of ik visioenen kreeg? Nee, niets van dien aard.'

Ik knikte en ging verder met mijn veters.

'Het voelt als die keer dat ik doodging,' zei Craig.

Het bleef even stil.

'Toen ik in de twintig was, kreeg ik de ziekte van Pfeiffer en moest ik wekenlang het bed houden. Op een avond – ik weet niet hoe ik het anders moet zeggen – stierf ik. Ik kon mezelf zien. Ik kon mijn familie zien. Ik ontmoette een soort spiritueel wezen. Maar hij stuurde me weg omdat het mijn tijd niet was. Ik weet niet hoelang ik weg was. Als ik in het donker in een grot zit, voel ik me net als op die avond.' Hij zweeg weer. 'Alsof ik buiten mijn lichaam ben, ín de aarde beweeg en alles tegelijkertijd kan zien.'

'We hebben allemaal een grot in ons brein.' Ik zei de woorden hardop voor mezelf om te horen hoe ze in het donker klonken. De uitdrukking geeft aan dat ons brein zo is geconstrueerd dat het gevoel buiten het normale bewustzijn te treden op het binnengaan van een grot lijkt. 'Grotten zijn het topografische equivalent van de psychische ervaring van de vortex en het binnengaan van de onderwereld,' schreef David Lewis-Williams in zijn boek *The Mind in the Cave* uit 2002. Het is een fenomeen dat de menselijke cultuur al ver voor mensenheugenis kenmerkte. In het verste verleden vertelden onze voorouders verhalen over portalen in het bewustzijn, donkere geestelijke passages waar ze doorheen gingen om de dood te ervaren en een bewustzijnsniveau te bereiken dat de alledaagse werkelijkheid ontsteeg. En ze vertelden verhalen over portalen in de aarde, over afdalingen in rotsachtige grotten, waarbij ze hun pad door het duister met toortsen van naaldhout bijlichtten en zich door een onwereldse omgeving bewogen die op geen enkel bovengronds landschap leek. In de loop van de tijd smolten de verhalen over geestelijke en fysieke landschappen samen totdat ze niet meer te onderscheiden waren, totdat de breinportalen en aardportalen één waren.

Onze voorouders verspreidden zich over de planeet en elke cultuur ter wereld kent verhalen over zulke doorgangen, over helden die door duistere passages in de aarde de geestenwereld betreden en begiftigd met heilige kennis weer terugkeren naar het aardoppervlak. Pythagoras reisde via de grot op Kreta naar Hades, en de helden uit allerlei culturen over de hele wereld deden hetzelfde, van de Maya's en de Kelten tot de oude Vikingen en de Navajo-indianen. Zelfs Jezus Christus daalde af naar de onderwereld via de onderaardse donkere zone. In de 'Plundering van de hel' in het Evangelie van Nicodemus, een van de apocriefe boeken die uit de Bijbel werden geweerd, is Jezus opgesloten in zijn rotsgraf: een grot met een steen die voor de ingang was gerold. In de duisternis van de grot verlaat hij zijn aardse lichaam en daalt af naar de hel, naar 'de laagste plaatsen', waar hij tot de doden predikt en ten onrechte gevangenzittende zielen bevrijdt. Jezus staat dus op vanuit de onderwereld voordat hij naar de hemel gaat.

Een van de oudste opgetekende verhalen van de mensheid, *Het Gilgamesj Epos*, door de Mesopotamiërs vierduizend jaar geleden op een kleitablet genoteerd, is eveneens het verhaal van een afdaling. Gilgamesj, wiens naam 'Hij die diep ziet' betekent, reist naar de andere wereld om het geheim van het eeuwige leven te vinden. Om de overzijde te bereiken moet hij door een lange donkere kloof reizen.

Dicht is er het duister, zonder licht;
Voor noch achter kan hij iets onderkennen

Het is een ambigue tunnel waarvan elk concreet detail ontbreekt zodat we in het onzekere blijven verkeren over of hij door een duistere passage in de aarde of in zijn geest beweegt.

Elke keer dat we in de mond van een grot kijken, of een tunnel, of een ander gat in de grond, voelen we iets van herkenning: we hebben die ruimte in onze dromen gezien, aan de grenzen van het bewustzijn. Als we door het portaal binnenstappen weten we dat we de helderheid van de bovenwereld achter ons laten, ons terugtrekken van de rechtlijnigheid en logica van het gewone bewustzijn en het vloeibare onbewuste binnenglippen. We zijn Michel Siffre, die bioritmes in het donker probeert te veranderen, of we zijn Pythagoras, die contact zoekt met voorvaderlijke geesten. In beide gevallen stappen we uit de maalstroom van de gewone realiteit en komen we dichter bij wat er voorbij de randen van de wereld ligt.

Tijdens mijn laatste uren in Martens Cave lag ik in het donker te neuriën en voelde ik hoe de onzichtbare contouren van de grot zich in de echo van mijn stem manifesteerden. Ik begon onrustig te worden, trok mijn laarzen uit, stond op en begon in mijn blinde toestand kleine voorzichtige stapjes rond mijn kampement te maken. Eerst liep ik schuifelend en tastte met mijn in sokken gestoken tenen de bodem van de grot af om te voelen of er stenen lagen waarover ik zou kunnen struikelen. Ik maakte een rondje om mijn kamp, en begon aan een volgende ronde over hetzelfde pad dat ik nu minder angstvallig nam. Ik tilde mijn voeten al iets van de grond. Vervolgens maakte ik nog een rondje, en nog één, totdat ik het hele pad met grote stappen door het donker kon nemen.

Iets voor zeven uur de volgende avond kwam ik uit de grot tevoorschijn, nadat ik de vierentwintig uur had vol gemaakt. Ik stond op de rand van de kloof en knipperde tegen het licht. Mijn pupillen slonken weer tot kleine puntjes en ik keek toe hoe 'de wereld zichzelf andermaal samenstelde', in de woorden van de dichter Mark Strand. Een andere grotonderzoeker zei me ooit dat in een grot verblijven zoiets is als de dood, maar ook als ongeboren zijn; voor mij voelde het nu alsof ik uit het andere rijk naar de wereld terugkeerde en tegelijkertijd alsof ik de wereld voor het eerst binnentrad. Ten slotte hing ik mijn tas over mijn schouder en trok het bos in, waar ik een nieuwe dankbaarheid voelde voor de kleinste dingen: licht, lucht, warmte, helderheid. Het laatste extatische couplet van Strand galmde door de stille kamers van mijn bewustzijn:

Dank je, trouwe dingen!
Dank je, wereld!
Te weten dat de stad er nog steeds is,
dat de bossen er nog steeds zijn,

en de huizen, en het zoemen van het verkeer,
en de trage koeien grazend op het veld;
dat de aarde blijft draaien
en de tijd niet is gestopt,
dat wij heelhuids terugkeren
om het zoete merg van de dag op te zuigen.

9

De cultus

'De goden van de stad wonen volgens sommigen
in de diepte, in het zwarte meer
dat de ondergrondse stromen voedt.'

Italo Calvino, *De onzichtbare steden*

Het schiereiland Yucatán in Mexico is misschien wel de meest geperforeerde plek op aarde. Het is een gebied dat zo bezaaid is met grotten, gaten, kloven en kuilen dat je al lopend voortdurend naar de grond moet kijken om niet in de aarde te verdwijnen. Zoals de bewoners van het Arctische gebied 's nachts over gletsjers dromen en bedoeïenen over woestijnduinen, worden de stille gedachten van de bewoners van Yucatán sinds mensenheugenis beheerst door grotten.

Op de middag van 15 september 1959 daalde de jongeman José Humberto Gómez in zo'n onderaardse holte af, een kleine grot in de jungle, met de naam Balankanché. De grot lag verscholen in het oerwoud, op een paar kilometer afstand van Chichén Itzá, de oude Maya-stad met haar hoge piramides en elegante stenen binnenplaatsen. De Balankanché, die al in het begin van de vorige eeuw door archeologen werd beschreven, was geen beroemde of zelfs maar noemenswaardige grot. De paar vochtige kamers bevatten wat oude potscherven van de Maya's, een heleboel vleermuizenuitwerpselen en verder was er niet veel te vinden.

Humberto, een pezige man van begin twintig met heldere ogen, werkte als gids voor bezoekers van de oude steden. Hij bezocht de jungle al sinds hij een kleine jongen was en bij zijn grootmoeder kwam, die samen met anderen het Mayaland Hotel in het oerwoud runde. Als jongen reed hij elke ochtend op een paard het oerwoud in, over paden tussen dorpen als Xcalacoop, waar de Maya's woonden, afstammelingen van de mensen die de stenen steden hadden gebouwd. Dagenlang klom hij over de overwoekerde ruïnes waarvan de meeste nog niet door archeologen in kaart waren gebracht, waarna hij terugkeerde om zijn grootmoeder in het hotel al zijn ontdekkingen te vertellen. Een oudere Maya-man die Bel Tun heette, als hoofdtuinier bij het hotel werkte en iedere spelonk in iedere uithoek van het oerwoud kende, vertelde Humberto toen hij dertien werd over een verborgen grot in de jungle. De mensen bezochten die al jarenlang niet meer, zei de tuinier, maar misschien kon Humberto daar nog iets interessants vinden.

De eerste keer dat hij Balankanché binnenging, verlichtte de jongen zijn pad met de kaarsen die in het hotel bij de *posadas*, de traditionele Mexicaanse novene in de kersttijd, waren gebruikt. Hij stak een kaars aan, zette die in de modder, stak de volgende aan, en nog een en zette zo een flakkerend spoor uit in de donkere zone. Vanaf die dag voelde Humberto een soort magnetische aantrekkingskracht van Balankanché die hij niet goed begreep. De grot bevatte niets bijzonders, maar toch kwam hij er keer op keer terug. Hij groef in de aarde op zoek naar kunstvoorwerpen die door bezoekers uit de oude tijd waren achtergelaten of hij ging gewoon zitten en voelde de duisternis op zijn huid drukken. Soms nam hij ook vrienden mee, maar die leken nooit te voelen wat hij voelde, wat hij maar vreemd vond. Later ging hij naar de universiteit om antropologie te studeren, maar hij staakte de studie en gaf de voorkeur aan het echte leven boven de collegezaal – hij miste het rondzwerven in het woud, op zoek naar ruïnes, en zijn bezoeken aan de grot, die hij even goed had leren kennen als zijn eigen thuis.

Op die middag in 1959 bevond Humberto zich achter in een gang die hij al honderden keren had bezocht toen hij iets zag wat hem nooit eerder was opgevallen: een half onder de modder verscholen vreemd gekleurde plek in het gesteente. Toen hij de modder weghaalde vond hij tot zijn verwondering een muur van baksteen, precies in de stijl van de muren die hij kende van de oude steden. Hij hakte met zijn mes rond de bakstenen tot hij door de muur heen kon breken en een tunnel blootlegde die het duister in liep. Met bonkend hart kroop hij erin, tot hij een grote, weergalmende kamer bereikte, waar hij met stomheid geslagen bleef staan.

In het midden van de ruimte stond een stenen zuil die van de vloer tot het plafond liep en aan de boven- en onderzijde uitsteeksels had als de takken en wortels van een boom. De lichtbundel van Humberto's lamp gleed aan de voet van de zuil over een aardewerken pot op de glibberige grotbodem. En toen over een tweede, ernaast. Het bleken er uiteindelijk tientallen te zijn: potten, wierookbranders, urnen, allemaal beschilderd in felle kleuren en voorzien van godentronies. Vanaf de hoogste takken van de zuil druppelde water in en rond de potten. Humberto stond als aan de grond genageld en luisterde naar de slagwerkmuziek van de druppels in de duisternis. Hij was de eerste persoon in twaalfhonderd jaar die voet in deze kamer zette.

Het nieuws over de ontdekking verspreidde zich door het woud. Een paar dagen later, toen een groep Amerikaanse archeologen op weg was naar de grot, verscheen ook Romualdo Ho'il bij de ingang. Hij was de sjamaan van het dorp Xcalacoop en hij keek de archeologen ernstig aan. De aardewerken potten waren offergaven van zijn voorouders aan de heren van Xibalba, de Maya-onderwereld, legde hij uit. Door de verzegelde kamer binnen te gaan hadden ze krachten gewekt die machtiger waren dan ze konden bevatten – hij moest de plaats ritueel reinigen.

Ho'il kwam terug met een groepje mannen uit het dorp, die allemaal de grot in gingen en zich rond de zuil verzamelden. Humberto en de archeologen, die ook gereinigd moesten worden, kregen bevel om te blijven. De ceremonie duurde negenentwintig uur: Ho'il offerde dertien kippen en een kalkoen, brandde wierook van kopal, stak zwarte kaarsen van de raten van wilde bijen aan en dronk grote hoeveelheden *balché*, een heilige wijn van gefermenteerde boomschors en honing. Naarmate de uren verstreken, nam het zuurstofgehalte in de kamer af en werd de duisternis zwaar van de rook, totdat het bijna onmogelijk werd om adem te

halen. De sjamaan stootte keelklanken uit en imiteerde het geluid van een jaguar, terwijl andere mannen kwaakten als kikkers. Ze dansten, baden en mengden zich met steeds hardere stemmen in een wild spreekkoor. Toen de ceremonie was voltooid, keerden de smekelingen terug naar de oppervlakte, waar ze in een zware onweersbui stapten. De regen geselde neer uit een inktzwarte lucht.

Toen ik voor het eerst las over de ontdekking van Balankanché zag ik in Humberto's grotafdalingen iets terug van mijn eigen expedities als jonge jongen in de tunnel onder Providence. De omgeving was anders – Mexicaanse jungle tegenover lommerrijke straat in New England – maar we waren allebei jonge jongens geweest die een intieme connectie met een verder niet heel bijzondere ondergrondse ruimte ontwikkelden. Zelfs de eeuwenoude aardewerken potten van Humberto onder het neerdruppelende water van het plafond leken een verre afspiegeling van de emmers die ik in de tunnel had gevonden en die onder het neerkletterende water hun weergalm het duister in zonden. Nu ik zoveel jaar mijn eigen relatie met het ondergrondse had verkend, vroeg ik me af of ik misschien met Humberto over zijn ontdekking in Balankanché zou kunnen praten, om te horen hoe die zijn leven had beïnvloed.

Maar het plan verdween al snel naar de achtergrond toen ik begreep dat zijn ontdekking er slechts één was in een zeer omvangrijke traditie van grotverering waarvan de Maya-cultuur doortrokken was. Hun leefgebied strekte zich uit van het schiereiland Yucatán tot Belize, Guatemala, Honduras en El Salvador en vormde een waar universum van grotten, variërend van grote kalkstenen spelonken tot met water gevulde zinkgaten, zogeheten *cenotes*, die stuk voor stuk werden gezien als spirituele poorten naar de onderwereld van Xibalba. In de jaren na de ontdekking van Humberto vonden archeologen telkens weer oude offergaven wanneer ze onder de grond afdaalden en de donkere zone van een grot binnengingen. Soms ging het alleen om een paar aardewerken potten of stukjes jade of de ruggengraat van een pijlstaartrog, maar nu en dan vonden ze ook restanten van geofferde herten, jaguars, krokodillen en menselijke skeletten. In sommige grotten ontdekten ze zelfs verharde wegen en in de donkere ruimte opgetrokken tempels van baksteen en mortel. De oude Maya's riskeerden vaak hun leven om deze offers te brengen: ze zwommen door onderaardse rivieren, beklommen steile klippen en lieten zich in gevaarlijk nauwe holten zakken.

Naarmate ik meer met de archeologen van de Midden-Amerikaanse jungle sprak, maakte ik kennis met een hele cultuur van mensen die geobsedeerd waren door de ondergrondse wereld, mensen wier bestaan volstrekt afhankelijk was van hun relatie met grotten. De Maya's bouwden hun steden nabij grotten, hakten grotten als sculpturen uit in de wanden van tempels, schilderden afbeeldingen van grotten op aardewerken potten. Ze voerden dansen uit en zongen liederen over grotten. Een van de meest voorkomende tekens in hun ingewikkelde hiërogliefenschrift was het symbool voor 'grot', *ch'en*. De ontstaansmythe van de Maya's, de *Popol Vuh*, vertelt het verhaal van twee broers, de Heldentweeling, die naar de onderwereld van Xibalba afdaalden. Dit was een volk dat grotten overdag religieus vereerde, 's avonds verhalen over grotten vertelde en 's nachts van grotten droomde.

'Het is een ondergronds mekka hier,' zei een archeoloog die ik op een middag aan de telefoon had. Holley Moyes van de University of California in Merced, had twee decennia lang in de jungle doorgebracht, kruipend door vleermuizenuitwerpselen en haar helm tegen rotsplafonds stotend, om de grottencultus van de Maya's te documenteren. Bij haar collega's stond ze bekend als de Koningin van de Donkere Zone.

Maar haar onderzoek ging veel verder dan de Maya's. Ze vertelde me dat ze jarenlang etnografische en archeologische studies over de rol van grotten in traditionele culturen over de hele wereld had doorgespit. In 2012 publiceerde ze het boek *Sacred Darkness: A Global Perspective on the Ritual Use of Caves*, een overzicht van studies van archeologen en antropologen die in meer dan vijftig culturen op zes continenten onderzoek deden naar hun relatie met grotten, vanaf het heden tot in het verre paleolithische verleden, ongeveer 100.000 jaar geleden. Moyes leverde bewijs voor een vrijwel universele traditie van onderaardse religieuze praktijken in alle uithoeken van de planeet, op alle momenten in de geschiedenis van de mensheid.

Het was zo'n déjà-vumoment: het gevoel dat je bij een toevallige ontmoeting op straat met een vreemde praat die op onverklaarbare wijze aanvoelt als een oude vriend. Ik legde uit dat ik jarenlang over de hele wereld had gereisd om onze relatie met het ondergrondse te verkennen: de manier waarop we door het duister worden afgestoten, maar anderzijds door mysterieuze impulsen gedreven worden om in de aarde af te dalen. Holley werd even stil aan de telefoon, en begon toen luidkeels te lachen.

'Je kunt maar beter hier naar de jungle komen,' zei ze. 'Wij hebben heel wat te bespreken.'

Op een winderige zonloze middag in augustus, terwijl zich een tropische storm ontwikkelde in de Golf van Mexico, haalde Holley me op van het vliegveld van Belize-Stad. Ze was midden vijftig, met kastanjebruin haar tot net op haar schouders en levendige, expressieve ogen.

'Ik hoop dat je tegen een beetje modder kunt,' zei ze, naar haar jeep knikkend die eruitzag alsof hij aan zijn bumper was opgehesen en in een modderbad was gedompeld.

We reden vanaf de kust landinwaarts naar San Ignacio, een kleine stad in het regenwoud, waar Holley haar onderzoeksstation had. Het was het regenseizoen en om elke bocht reden we door bruine, schuimende rivieren en veroorzaakten we vloedgolven van oranje modder. Na twee decennia veldwerk in Belize kende Holley de regio alsof ze er geboren was, maar ze was niet ongevoelig geworden voor de gevaren van het gebied. Ze vertelde dat ze archeologische sites had moeten verdedigen tegen plunderaars die met geweren zwaaiden; ze had urinesporen van jaguars opgespoord in de jungle en onderhandelingen gevoerd met plaatselijke sjamanen over toegang tot heilige plaatsen; ze had vrachtwagens uitgegraven op ondergelopen modderwegen en moest slangen en vampiervleermuizen ontwijken, evenals schorpioenen en de 'killerkevers' die de dodelijke ziekte van Chagas konden overbrengen.

Dieper in het oerwoud, waar we tussen reusachtige smaragdgroene heuvels door reden, werd de lucht koeler en frisser. Ik keek naar het landschap in de wetenschap dat er overal tussen de bomen restanten van oude Maya-nederzettingen lagen. Op het hoogtepunt van hun beschaving, van ongeveer 250-950 n.Chr., was dit het thuis van honderdduizenden Maya's geweest, die in steden woonden die tot de grootste en fraaiste van hun tijd behoorden. Steden als Tikal, Copan en Palenque tierden welig met hun in de flanken van bergen uitgehakte landbouwterrassen. Het land bloeide op tijdens het regenseizoen en de Maya's legden netwerken van cisternes aan om water op te slaan voor het droge seizoen. Eeuwenlang leefden ze in overvloed. Ze ontwikkelden zich tot uitstekende wiskundigen en brachten schitterende kunstwerken voort. Ze bouwden statige piramides die boven de boomkruinen uitstaken, richtten rijkversierde stenen tempels op en zetten kolossale stèles overeind, stenen pilaren waar de geschiedenis van hun goddelijke koningen in gebeiteld stond. Maar zoals alle beschavingen ging ook die van de Maya's ten onder. In de negende eeuw n.Chr. werd Midden-Amerika getroffen door een afschuwelijke droogte. De regen die ze nodig hadden om hun gewassen te verbouwen bleef uit en de steden konden hun inwoners niet meer voeden. Er ontstond hongersnood en miljoenen mensen stierven.

'De situatie werd steeds wanhopiger,' vertelde Holley me onderweg, 'en de Maya's raakten geobsedeerd door grotten. Alles

ging draaien om toegang tot de donkere zone.' De volgende ochtend zouden we een bezoek brengen aan Actun Tunichil Muknal, de 'Grot van het kristallen graf,' de eerste die Holley in Belize had bestudeerd en de eerste waar ze bewijzen voor de oude cultus van de donkere zone had gevonden.

Onder een lage, loodkleurige hemel trokken Holley en ik door het natuurreservaat van het Tapirgebergte, ongeveer tachtig kilometer van San Ignacio. Het was een dichte, ongerepte jungle, waar de lucht dik en vochtig was en alles naar mos rook. We klommen over reusachtige luchtwortels en waadden door rivieren die tot ons middel kwamen. Er schoten leguanen door de lage struiken en in de bomen boven ons hoofd kwetterden tangaren en toekans. In de verte konden we het stotende *whoep*-geluid van brulapen horen. Niet veel later braken we door een muur van vegetatie en stond ik oog in oog met de gapende mond van een grot: een opening in de vorm van een zandloper, met gladde zijden en een gordijn van klimplanten ervoor. Er stroomde een rivier door naar buiten die zacht ruisend tussen bemoste rotsblokken door tuimelde.

'De Maya's beeldden grotten in hun kunstwerken af als de bek van een monster,' vertelde Holley. Ze wees naar de stalactieten die uit de overhang boven de ingang naar beneden staken. 'Je kunt zelfs de tanden zien.'

Ze zweeg even. 'En het lijkt ook verdomd veel op een vagina,' voegde ze er toen aan toe.

Vanaf een groot rotsblok sprongen we in een poel van warm, heldergroen water, waar een pointillistische wolk kleine visjes onder ons door schoot. We zwommen over de drempel van de grot, waarna het zonlicht tot schemering verviel en overging in absolute duisternis. Tegen de stroom in kropen we over gladde rotsblokken, tuimelden in waterkolken, kronkelden en wurmden ons door nauwe openingen als sleutelgaten, terwijl de rivier om ons heen klaterde en spetterde. Holley was een van de eerste archeologen geweest die de grot bestudeerden nadat die in 1986 door Britse amateurspeleologen was ontdekt. Ze bewoog op puur spiergeheugen door de lawaaiige engtes van rotsblokken, alsof ze de passen van een oude choreografie uitvoerde.

We bereikten een plaats van perfecte stilte: een kolossale, aardedonkere gang waar de lichtbundels van onze mijnwerkerslampen kriskras naar alle kanten bewogen als schijnwerpers in een stad. Ik keek of er vleermuizen boven ons heen en weer schoten, of aan de rotsen hingen, maar het plafond was te hoog om het te kunnen zien. Terwijl we verder zwommen tikten er overal om ons heen waterdruppels in de rivier.

Na ongeveer 800 meter zwommen we naar de oever en hesen ons op de stenen richel. Holley zei dat ik mijn laarzen uit moest doen: met alleen nog kousen aan onze voeten betraden we op onze tenen de centrale kamer van de grot, omgeven door glinsterende stalactieten, stalagmieten en zuilen zo dik als boomstammen die van de vloer tot het plafond reikten.

Ik scheen met mijn lamp in de ruimte en mijn adem stokte. Op de bodem stonden honderden oude aardewerken potten, beschilderd in zwart en feloranje. Sommige waren zo groot als strandballen en waren op hun plaats vastgemetseld met de kalkafzetting van eeuwen. Verspreid tussen de potten lagen gereedschappen, scherven jade en obsidiaan en kleine beeldjes van dieren, waaronder een stenen fluit in de vorm van een hond.

'Al die kunstvoorwerpen dateren uit de negende eeuw,' zei Holley. 'Uit de tijd van de droogte.'

Ze nam me via een ijzeren trap in de rotswand mee naar een kleine alkoof boven de kamer. 'Daar is ze,' zei ze, op de richel hurkend. We keken naar een menselijk skelet van een twintig jaar oude vrouw.

'We noemen haar de Kristallen Maagd,' zei ze. Ik moest slikken. De vrouw lag op haar rug, haar benen gespreid, haar armen opzij, haar ribben bedekt met kalkafzetting, wat de botten een spookachtige kristallen fonkeling gaf. Het skelet was perfect in vorm, op de kaak na, die in een scheve, bevroren grijns afhing.

'Merk op dat er geen grafgiften te vinden zijn,' zei Holley zakelijk. 'Dit was geen begrafenis.'

De Kristallen Maagd was niet alleen. De vloer van de centrale kamer, onder ons, lag bezaaid met skeletten, veertien in totaal. Aan de voet van een grote stalagmiet lagen de restanten van twee jongemannen, beiden onthoofd, de skeletten half uiteengevallen en bedekt met kalkafzetting. Daar vlakbij ook het skelet van een man van in de veertig, met een ingeslagen slaap. We bogen ons over de slachtoffers, zochten ze een voor een op, tot en met de restanten van een peuter: een stapeltje kleine botten, weggestopt in een donkere spleet.

Al deze mensen waren geofferd aan Xibalba.

'Xibalba week af van de hel zoals wij die ons voorstellen,' zei Holley, terwijl we in het donker op onze hurken zaten.

Voor de Maya's was de 'Plaats van Ontzag', zoals Xibalba werd vertaald, niet abstract: het was een tastbare, geografische plaats, een plek die je op een kaart kon aanwijzen. Tijdens een trektocht door het woud kon je Xibalba ruiken, je kon het ondergrondse gerommel en de echo's ervan horen, de koele bries voelen die uit de diepten opsteeg. Als je dus door de opening van een cenote in de rots afdaalde, of door de mond van een grot, en over de drempel van de donkere zone ging, stapte je letterlijk Xibalba binnen. Je liet de aardse wereld achter en betrad een heel ander domein, waar je oog in oog kon komen te staan met geesten, godheden en wezens met bovenmenselijke krachten.

De band van de Maya's met Xibalba was diep en lichamelijk, bijzonder en doortrokken van dubbelzinnigheid. In de *Popol Vuh* daalt de Heldentweeling, de broers Hunahpú en Xbalanqué, af in

Xibalba. Ze dolen door een wirwar van angstaanjagende ruimten: de ene kamer staat in brand, een andere is bezaaid met dolken, en in de volgende kamer wemelt het van de bloeddorstige jaguars. Bij elke stap die ze doen strijden de heldhaftige broers tegen de Heren van Xibalba, een bende weerzinwekkende creaturen met namen als Zeven Doden, Pusmeester, Geelzuchtmeester, Bloedverzamelaar en Steekmeester, die hun tijd besteden aan het verspreiden van ziekte en ellende in de bovenwereld. Maar hoe afstotelijk het onderaardse domein ook was, de Maya's waren afhankelijk van Xibalba: ze konden niet zonder de onderwereld leven. De god van de regen, Chaak, vertoefde onder de Xibalbiërs. Het was een heet-

gebakerde godheid met wilde ogen, die met bliksemschichten zwaaide en donderslagen boven het woud losliet – maar hij bracht de regen, en zonder regen was overleven onmogelijk.

Eeuwenlang lieten de Maya's geschenken voor Chaak bij de ingangen van grotten achter, om hem tevreden te houden en er zeker van te zijn dat hij regen bleef brengen. Ze kropen ondergronds – waarbij ze altijd binnen het bereik van het licht bleven, op veilige afstand van de donkere zone – en lieten geschenken als aardewerken potten en de huizen van de heilige juteslak (*pachychilus*) achter. Altijd was Chaak tevreden geweest met de geschenken: elk jaar wanneer het droge seizoen voorbij was en er geplant ging worden, bracht de god regen zodat de gewassen groeiden en de Maya's gedijden.

Maar toen liet hij hen plotseling in de steek. In de achtste en negende eeuw trok Chaak zich om redenen die de Maya's niet konden bevatten terug in de verborgen krochten van de onderwereld en weigerde tevoorschijn te komen. Er viel geen regen meer en de gewassen verwelkten op de terrassen. Een poosje bleven de Maya's dezelfde ceremonieën uitvoeren die hun voorvaderen zoveel welvaart hadden gebracht. Ze zetten aardewerk en juteslakkenhuizen bij de ingangen van grotten, maar Chaak gaf geen krimp. Ze probeerden het met grotere geschenken, meer aardewerk en schelpen, soms zelfs een vers offerdier voor de mond van een grot, maar nog steeds deed de god niets. Al snel rees de wanhoop: kinderen in de steden begonnen honger te lijden en de mensen begonnen erover te praten om hun steden te verlaten en naar het noorden te trekken. Ze hadden nog een laatste sprankje hoop dat ze Chaak tevreden konden stellen en zijn gunst konden herwinnen door naar Xibalba te gaan, en de god in zijn eigen domein in het duister op te zoeken.

Twaalfhonderd jaar voordat Holley en ik de Actun Tunichil

Muknal binnengingen, waadde er een kleine processie van Maya's door de ingang. Ze drongen via het water door tot de rand van het schemerige licht en gingen na een moment van aarzeling en huiver verder, alsof ze van een klip in het diepe stapten. Het waren priesters die regalia van vogelveren droegen. Ze waren mager en afgepeigerd, met ingevallen gezichten. Ze hadden aardewerken potten met mais bij zich, maalstenen en geurige kopal om te branden. Een van hen droeg een mes van obsidiaan op zijn heup. In het midden van de groep liep zwijgend een twintigjarige vrouw, met de rivier tot om haar nek.

Langzaam gingen ze stroomopwaarts in een enkele rij terwijl hun brandende toortsen van naaldhout een rokerige gloed in het donker verspreidden. Er werd geen woord gezegd, de bewegingen waren behoedzaam en angstig bij elke stap. Zoals alle mensen die in het woud woonden hadden ze vanaf hun kindertijd de verhalen over Xibalba gehoord en verteld, maar dit was anders: ze liepen in de verstikkende duisternis, raakten met hun vingers de zweterige stenen wanden aan, keken naar de schaduwen van de spitse druipsteenkegels die trilden in het toortslicht. Ze zagen witte vissen door het water schieten en hoorden het ruisen van vleermuisvleugels boven hun hoofd. Ze hielden gespannen in als het geluid van een steen die vóór hen in de rivier plonsde als een echo door de duisternis klonk. Maar toch gingen ze verder. Als iets de god van de regen uit zijn schuilplaats zou kunnen lokken, zou het deze reis naar de duisternis zijn.

Achthonderd meter diep in de grot rezen de priesters uit de rivier en liepen in processie naar de centrale kamer, het licht van hun toortsen weerkaatsend op de dreigende stalactieten en stalagmieten. Ze legden hun geschenken neer voor Chaak, hesen de potten van hun schouders en strooiden mais over de maalstenen. Ze bereidden de ceremonie voor en brandden de heilige kopal.

Terwijl de geurige rook in de kamer opkringelde begonnen ze de god aan te roepen en zich met geheven armen in het donker om de jonge vrouw te verzamelen. De ene priester haalde zijn mes van obsidiaan van zijn heup en hief het hoog in de lucht: hun stemmen zwollen aan en echoden tussen de stalactieten toen hij het mes met een snelle beweging liet neerdalen.

Nadat we onze laarzen hadden aangetrokken, lieten Holley en ik ons voorzichtig van de rotsrichel in de rivier glijden. Langzaam zwommen we stroomafwaarts terwijl de waterdruppels van het plafond weer om ons heen spetterden. De ceremonieën die in de donkere zone van Actun Tunichil Muknal hadden plaatsgevonden waren niet uniek, vertelde ze. De laatste tien jaar hadden archeologen de offersites die ze in de donkere zones van grotten in het Maya-gebied hadden gevonden gedateerd. Alle voorwerpen, elke aardewerken pot, elk stenen werktuig en alle beenderen van de mensenoffers dateerden uit de tijd van de droogte. In de grot Chechem Ha, op een dag lopen van Actun Tunichil Muknal, had Holley een stenen stèle gevonden die in de donkere zone overeind was gezet. Er stonden aardewerken potten omheen en er waren sporen van vuren te zien, allemaal uit de negende eeuw. Bij haar meest recente opgraving in Las Cuevas, weer een andere spelonk dicht in de buurt, had ze een uitgebreid stelsel van ceremoniële platforms en trappen gevonden die allemaal ten tijde van de droogte door de Maya's waren gebouwd. 'En het is niet alleen hier, het is overal,' zei ze. Ook de offers die Humberto in de afgesloten kamer van Balankanché had ontdekt waren negende-eeuws, en de aardewerken potten droegen het verwrongen gezicht van de regengod. 'We hebben het hier over een enorm collectief ritueel dat overal in het regenwoud werd uitgevoerd,' zei Holley.

Terwijl we beiden zwijgend de rivier verder volgden waarbij het water over onze naakte schouders sloeg, bleven Holleys woorden door mijn hoofd gaan. Langzaam ontstond er een beeld voor mijn geestesoog, eerst in schaduwen en silhouetten, daarna scherper, totdat ik het tot in detail kon zien: een ongewoon en naargeestig tafereel. Ik zag duizenden pelgrims, mensen in het uur van hun diepste nood, verspreid door het land van de Maya's. Ze bewogen allemaal alsof ze onderdeel waren van één enkel reusachtig lichaam. Ik zag ze door het regenwoud trekken als schaduwen tussen de bomen, totdat ze bij de ingangen van duizend verschillende grotten kwamen. Ze bleven even gehurkt in de schemerzone zitten, waarna ze met een collectieve ademteug allemaal de duisternis binnengingen. Diep onder de grond dansten, baden en zongen de pelgrims, waarbij hun verschillende stemmen in het donker opstegen en tot één stem versmolten. Ze hadden geschenken bij zich, legden jade en obsidiaan neer en offerden dieren en het bloed van mannen, vrouwen en kinderen dat ze over de vochtige stenen bodem uitgoten. Afgezien van het barbaarse geweld van het tafereel en het feit dat het om een apocalyptisch visioen ging, merkte ik dat ik me verwonderde over dit collectieve ritueel als toonbeeld van een diepgewortelde overtuiging en vroomheid. Een hele beschaving deed hier in het uur van de hoogste nood, terwijl de dood hen op de hielen zat, een beroep op de ondergrondse wereld. Hier was een volk dat hartstochtelijk geloofde dat deze verborgen kamers, in hun eeuwige duisternis en met hun rollende echo's, heilig en magisch waren en de kracht bezaten om de werkelijkheid te veranderen.

Ik dreef met de rivier mee en dacht aan alle processies die deze tocht ooit hadden gemaakt, al die mensen die angstvallig door deze zelfde duisternis waren gegaan en naar dezelfde echo's hadden geluisterd die tegen de wanden weerkaatsten. Terwijl ik mijn gedachten zo de vrije loop liet gebeurde er iets wonderlijks: de temperatuur van het water, de lucht en mijn huid begonnen te versmelten, tot ze niet meer als drie vormen van materie van elkaar te onderscheiden waren. Ik gaf me over aan de stroming en liet me slap worden, alsof de contouren van mijn lichaam oplosten en ik niet langer kon uitmaken waar mijn huid eindigde en de grot begon.

Die avond zaten Holley en ik aan een picknicktafel op de achterveranda van haar onderzoeksstation. De avondlucht was benauwd en een flakkerende citronellakaars wierp een oranje gloed op onze gezichten. We praatten over de excursie naar Actun Tunichil Muknal en zaten te peinzen over wat het betekende om in de voetsporen van de Maya's te treden, wat hen naar het duister had getrokken, en wat ons trok.

'We hebben allemaal behoefte aan het heilige,' zei Holley voordat ze langzaam een slok water nam. 'We hebben allemaal de behoefte om God te zoeken, of de goden, of geesten, of magie – hoe je het ook noemen wilt. Dat is ons als mens ingeboren.'

We zijn altijd een spirituele soort geweest. 'De mens is naar zijn aard een religieus dier,' schreef Edmund Burke in de achttiende eeuw. Sindsdien hebben de antropologie en de geschiedenis nooit een menselijke samenleving gevonden die niet een of andere vorm van religie beleed. Tegenwoordig zijn er nog maar weinig evolutionair biologen, theologen of cognitieve wetenschappers die zouden ontkennen dat spirituele impulsen tot onze wezenskern behoren en in de menselijke natuur verankerd zijn. Vanaf het ontstaan van homo sapiens, honderdduizenden jaren geleden, beschikken we over een brein met een krachtige neocortex die ons in staat stelde gedachten te ontwikkelen die andere leden van het dierenrijk niet konden vormen. We dachten na over ons eigen bestaan, ontwikkelden ideeën die onze eigen conceptuele voorstellingen te boven gingen en gingen relaties aan met dimensies buiten wat we konden aanraken of zien. Terwijl we ons over de planeet verspreidden, besteedden we enorm veel energie en middelen aan religie: we componeerden poëtische gebeden en ontwikkelden ceremoniële dansen om goden en geesten te eren, we bouwden graven voor onze voorouders, richtten tempels op met torens die tot de hemel reikten en groeven crypten uit die diep in de aarde doordrongen. Het verlangen om ons te verbinden met iets wat groter is dan wijzelf, schreef de Britse godsdienstgeleerde Karen Armstrong, is misschien 'het definiërende kenmerk van menselijkheid'.

Het was deze impuls die onze voorouders naar het onderaardse trok. In de vroegste schemertijden van de prehistorie daalden zij in de duisternis van grotten af om met de geestenwereld te communiceren. In de kosmologieën van oude culturen over de hele wereld was de grot de spirituele dimensie van de realiteit. Ondergronds gaan was lichamelijk ín de andere wereld stappen, 'de wereld achter de wereld die we met onze ogen zien,' zoals de San het noemden. Net als de Maya's in Actun Tunichil Muknal voerden onze voorouders overal ter wereld in het donker heilige riten uit om bovennatuurlijke krachten op te roepen.

'Je staat er versteld van hoe ver die traditie teruggaat,' zei Holley. Ze vertelde me over een grot in het Atapuercagebergte in Noord-Spanje, waar een team van archeologen op het allerdiepste punt van de donkere zone, op de bodem van een twaalf meter lange verticale schacht, een hele verzameling menselijke botten vond. De Sima de los Huesos, of 'Kloof van de Beenderen', zoals de site bekend werd, bevatte de overblijfselen van twintig archaïsche mensen, daterend van tussen 430.000 en 600.000 jaar geleden, lang voordat de moderne homo sapiens zelfs maar bestond. Tussen de beenderen werd een handbijl van glinsterende rode kwartsiet gevonden die de archeologen Excalibur doopten – dit was een zeldzame steen die van grote afstand moest zijn geïmporteerd, wat aangaf hoe bijzonder hij was. Veel onderzoekers geloven dat de vondst het vroegste bewijs is voor religieus gedrag: een archaïsch ritueel in de donkere zone, uit respect voor een reis naar het hiernamaals.

In het moderne Westen zien we de wereld natuurlijk niet langer op deze manier. Wij zijn van na de verlichting, een industriële maatschappij, een volk van wetenschap en technologie, met een perceptie van de realiteit die, grotendeels, gegrondvest is in rede en rationaliteit. De laatste eeuwen, sinds de eerste geschriften van Descartes, Spinoza en andere filosofen van de verlichting, is de westerse cultuur steeds meer geseculariseerd. Voor onze premoderne voorouders beheerste het religieuze geloof het hele bestaan, maar tegenwoordig zien we religie als een aparte sfeer, iets wat buiten de heersende doctrine staat. 'De moderne mens,' schreef godsdiensthistoricus Eliade, 'is de religie vergeten.'

Als we ons door de opening van een grot laten zakken geloven we op geen enkel rationeel niveau dat we afscheid nemen van het aardse domein en de geestenwereld binnengaan. En toch lopen we regelrecht in de pas met de mensen die dat wél geloofden. We gebruiken precies dezelfde steunpunten als onze voorouders, we bukken, kruipen, buigen ons lichaam in dezelfde bochten, horen onze stemmen op dezelfde manier weerkaatsen en voelen onze adem net zo tegen de stenen wanden slaan. Op onze weg naar het duister voeren we onbewust een schaduwspel van de oude rituelen op, waarbij we de choreografie soms tot het laatste gebaar gehoorzamen. Omdat we hetzelfde lichaam en brein hebben als onze voorouders hebben we dezelfde zintuiglijke ervaringen, die voor ons nu nog even onthutsend, verwarrend en spannend zijn als in de prehistorie en oudheid. Met ons rationele verstand en in overeenstemming met de kennis van natuurwetten die de westerse wetenschap in de loop van eeuwen heeft ontwikkeld en verfijnd, schrijven we deze sensaties toe aan veranderingen in het bioritme en aan de activering of onderdrukking van verschillende delen van ons zenuwstelsel. Maar toch voelen we in de diepste lagen van ons bewustzijn, onder die rationaliteit, een zekere huivering. 'Het is ongetwijfeld zo dat er iets in ons verandert als we in de duisternis van een grot zijn,' zei Holley. 'We worden met onszelf geconfronteerd en kunnen een verbintenis met de wereld aangaan zoals we anders nooit zouden doen.'

In de evolutie van de religie, schreef Robert Bellah, 'gaat nooit iets verloren'. Ook al zijn er nog zoveel nieuwe filosofieën en geloven bij gekomen, in de loop van de geschiedenis zijn de elementaire structuren van het geloof van onze voorouders, hoe diep weggestopt ook, nooit volledig verdwenen. Onze relatie met grotten is misschien de meest universele, diepst ingebedde, misschien wel de *oorspronkelijke* religieuze traditie – wat zeggen wil dat ze een enorme doorwerking heeft. Hoe modern, beschaafd of verlicht we volgens onszelf ook zijn, als we in een grot afdalen, ervaren we een oergevoel. We gaan over in een soort voorouderlijke modus, een meer intuïtieve en dierlijke staat: het handjevol eeuwen van rationaliteit, wetenschap en empirie wordt onmiddellijk weggevaagd door honderdduizenden jaren van instinct en evolutionaire conditionering. In de duisternis van de grot, schreef Seneca, kun je niet aan het gevoel ontkomen dat 'je ziel door religieus ontzag bevangen wordt'. Zelfs wanneer de meest rationele, meest materialistische, meest hartstochtelijke atheïst in de onderaardse donkere zone afdaalt, hoor je zijn of haar stem tot een fluistering terugvallen – ergens in hun onbewuste voelen ze ontzag voor het immense, het mysterie, en erkennen ze die plaats als sacraal. We voeren tegenwoordig misschien geen heilige rituelen meer uit in de donkere zone van een grot, en misschien kennen we de ceremoniële gebeden die daar ooit werden uitgesproken niet meer, maar nog altijd zitten hun echo's diep in ons bewustzijn – de oude kosmologie houdt zich stevig staande in ons. 'We bevinden ons in de aanwezigheid van een vorm die onze vroegste dromen gidst en omvat,' zoals Bachelard schreef.

'Dit alles verdwijnt niet zomaar,' zei Holley, glimlachend in het donker. Wij spreken niet langer over het firmament of de hemelsferen zoals onze voorouders uit de oudheid, maar zoals de filosoof Henri Lefebvre schrijft, hebben we ons geloof in het ondergrondse als een machtige plaats niet afgezworen. Het blijft een plaats 'vervuld van magisch-religieuze entiteiten, van kwaadwillende en welwillende goden, mannelijk of vrouwelijk, verbonden met de aarde of met het onderaardse (de doden), en allemaal onderworpen aan het formalisme van rite en ceremonie'. Elk jaar maken zes miljoen christenen een pelgrimstocht naar het zuidwesten van Frankrijk, naar Lourdes, waar ze in processie naar de schaduwen van een kleine grot trekken waar een jonge vrouw door een verschijning van de maagd Maria werd bezocht. Nog eens duizenden bezoeken elk jaar Station Island in Lough Derg, Ierland, om rond de plek te lopen waar God een grot aan de heilige Patricius openbaarde. In talloze oude kerken in Europa bevindt zich direct onder de bankjes waar mensen tijdens de mis knielen een geheime kamer – verborgen maar intact – waar in de oudheid de mysteriën van de aarde werden geëerd.

In de loop van honderdduizenden jaren is onze levendige en verwarrende band met het ondergrondse niet minder sterk geworden, en dat zal nooit gebeuren. We zullen altijd een stille gloed voelen die van de ondergrondse plaatsen naar deze wereld uitstraalt: die zal misschien afschrikwekkend of juist verlokkend zijn, maar wegkijken zullen we nooit. George Steiner schreef over een verborgen 'transcendente aanwezigheid in het weefsel van de wereld': de ondergrondse wereld ís die aanwezigheid. Net als onze voorouders zullen we altijd worden aangetrokken door het ondergrondse vanwege een stil verlangen naar iets buiten het alledaagse en de ordelijke realiteit, naar iets tastbaars dat groter is dan wijzelf. De paleolithische jager-verzamelaars die bij fakkellicht in de diepten van de grot doordrongen, de urban explorers die in Parijs door de catacomben dolen, de voetganger in New York die zich over een open mangat in de straat buigt: op een diep niveau worden ze allemaal gedreven door hetzelfde basale verlangen.

Nadat ik Holley goedenacht had gewenst klom ik in mijn stapelbed in het onderzoeksstation waar ik nog een poosje wakker lag. Ik luisterde door het raam naar het zuchten van de wind uit de heuvels, terwijl mijn geest rustig doormaalde. Ik begon in te zien dat alle aanbidders van het ondergrondse met wie ik in de loop van de jaren verkenningstochten had ondernomen, of die ik als historische figuren bewonderde, in feite op zoek waren naar een of andere vorm van het transcendente. Michel Siffre, die zich

in de donkere zone van zijn biologische ritmes wilde bevrijden, REVS die clandestiene kunstwerken in de ingewanden van de stad maakte, William Lyttle die onder zijn huis tunnelde alsof hij een parallelle dimensie uitgroef, John Cleves Symmes die zocht naar onderaardse wezens, Nadar die beelden maakte van de onzichtbare lagen van Parijs en Steve Duncan die in de stille duisternis onder de stad het pad van oude stromen volgde. Allemaal daalden ze af in het ondergrondse omdat ze op zoek waren naar het mysterie, contact wilden leggen met iets buiten de onmiddellijke horizons van de realiteit. Ik viel die avond in slaap terwijl ik aan Hermes dacht, de voorvader van al deze zoekenden, die frank en vrij tussen deze en de andere wereld heen en weer vloog en die het ongeziene kon zien.

Vanuit Belize maakte ik een lange, moeizame reis naar het noorden met een nachtbus, hobbelende minibus, en ten slotte een stationwagon, bestuurd door een oude man die Jorge heette. Zo stak ik de Mexicaanse grens over naar het met grotten bezaaide Yucatán, waar ik op een middag onder een zinderende zon voor de mond van de Balankanché tegenover Humberto zat. Hij was nu in de zeventig maar leek nog veel op de door de grot kruipende jongeman van de foto die ik had gevonden: smalle schouders en een kritische blik, het haar in een perfecte hoge kuif.

'Als jongen heb ik talloze uren precies op deze zelfde plek gezeten,' zei hij, met een stille warmte in zijn ogen. Achter hem was de grotingang, ooit verscholen achter wilde varens, nu aangepast voor bezoekers, met een verharde trap naar een stalen deur.

Ik vertelde Humberto waarom ik hem was komen opzoeken en deed mijn verhaal over de onverwachte affiniteit voor een tunnel die ik als jongen onder mijn eigen buurt had ontdekt en die in het donker een altaar van emmers bevatte waar water vanaf het plafond op neerkletterde. Die tunnel, vertelde ik, had een beeld in mijn bewustzijn geprent dat ik jarenlang had proberen te doorgronden.

'Ik begrijp het,' zei Humberto met een glimlach.

'Ik kende het hier alsof het mijn eigen huis was,' ging hij verder. 'Toen ik die dag door die muur brak, was het alsof ik een verborgen kamer in mijn eigen huis ontdekte. Het heeft heel veel voor me veranderd.'

In de Maya-dorpen overal in het woud begonnen de mensen over hem te praten. Een jongeman was naar de onderwereld gereisd, vertelden ze. Hij had er een verborgen kamer geopend en contact gemaakt met krachtige voorouderlijke geesten, en was daarna zonder een schrammetje te hebben opgelopen naar de bovenwereld teruggekeerd. Hij was door de goden uitgekozen en had de kracht gekregen om te zien wat anderen niet konden zien. De dorpelingen riepen Humberto erbij om grotten in de jungle te onderzoeken die ze zelf niet durfden te betreden. *Jij bent degene die moet gaan*, zeiden ze. Hij werd een soort grotfluisteraar die in het oerwoud van het ene dorp naar het andere trok, met zijn zaklamp ondergronds verdween, de duisternis verkende en na terugkeer verslag uitbracht aan de dorpelingen.

'Ik had zelf niet het idee dat ik de onderwereld betrad,' zei Humberto. 'Ik dacht niet dat ik een spirituele transformatie had ondergaan. Dat was niet mijn overtuiging. Maar in sommige opzichten...'

Hij zweeg even. 'Op het moment van die ontdekking was ik een jongeman. Ik had geen vrouw, geen vriendin. Ik trok alleen maar tussen een paar plaatsen heen en weer. Mijn wereld was heel klein.' Hij balde zijn vuist terwijl hij het vertelde.

'Toen ik door die muur brak gingen er veel dingen voor mij open.' Hij opende zijn hand weer. 'Als deze verborgen kamer bestond, waren er ook andere plekken die ontdekt konden worden. Er leek veel mogelijk.'

Na de ontdekking ging Humberto weer aan het werk als gids en viel hij terug in zijn oude routine, maar met een iets andere invulling. Hij leidde de bezoekers door de ruïnesteden in de jungle, de trappen van de piramides op en naar de stille stenen binnenplaatsen, maar hij spoorde hen nu aan om het langzaam aan te doen, om te blijven hangen, beter te kijken. Deze plekken hebben een verborgen dimensie die zichzelf niet onmiddellijk prijsgeeft, een compleet universum van geschiedenis, mythen en ervaringen. 'Ik wilde dat de mensen verder keken dan wat ze direct voor zich zagen,' zei Humberto.

We bleven beiden zwijgend in de schaduw zitten en luisterden naar het koor van insecten dat om ons heen zoemde. Uiteindelijk stond Humberto op en trok de deur naar Balankanché open. Hij gebaarde dat ik naar binnen moest gaan.

'Ik ga de grot niet meer in,' zei hij. De lucht was er te bedompt en vochtig en naarmate hij ouder was geworden werd het voor hem steeds moeilijker om ondergronds adem te halen.

Ik wilde protesteren maar hij wuifde het weg. 'Jij moet gaan,' zei hij.

Daarop stapte ik door de opening de duisternis in, voorzichtig lopend op de glibberige stenen bodem. Ik passeerde de plaats waar Humberto de bakstenen muur een halve eeuw eerder had doorbroken. Dieper en dieper daalde ik af terwijl de lucht om me heen dikker werd, zwaar van het vocht, tot er zich kronkelende nevelbankjes om mijn voeten vormden. In het diepe hart van de grot bleef ik staan aan de voet van de reusachtige zuil, die als een oeroude boom oprees en zijn knoestige takken boven mijn hoofd uitspreidde. Aan de voet van de zuil stonden de aardewerken potten nog steeds precies zoals Humberto ze zoveel jaren geleden voor het eerst had ontdekt. Er droop water van het plafond en terwijl ik in het donker naar het zachte gespetter rond de potten stond te luisteren had ik het gevoel voor het altaar van emmers in de tunnel onder Providence te staan. Ik dacht aan de rilling over mijn rug die ik die dag had gevoeld, en aan de rilling die Humberto zo lang geleden had gevoeld. Ik dacht aan de talloze andere mensen overal ter wereld, vanaf het paleolithicum tot nu, die in grotten en catacomben, graven en tunnels waren afgedaald en dezelfde rilling in het donker hadden gevoeld. 'Mijn hele leven was ik zonder het te weten een klok geweest,' schreef Annie Dillard ooit, 'tot ik op dat moment werd opgetild en geluid.'

Iets in ons is verwelkt. Wij in het Westen zijn verhard tegenover de wereld, gevoelloos geworden voor bepaalde schaduwpatronen in de natuur, doof en blind voor wat David Abram de 'liederen, roep en gebaren van de aarde' noemde. De laatste jaren dat ik me in onze vroegste voorouderlijke tradities onderdompelde, van de songlines van de Aboriginals tot de verborgen riten van de Magdaléniens en de ontstaansmythen van de Lakota, heb ik gezien hoezeer we vervreemd zijn geraakt van wat ons oorspronkelijk heeft gevormd als mensen, hoe we ons hebben afgekeerd van onze diepste instincten en impulsen. Maar in onze band met het ondergrondse, ontdekte ik, overleven de oude gebruiken. In het onderaardse duister schrikken vergeten herinneringen weer wakker. We worden er naakt en kwetsbaar, gevoelig voor de zachte betovering van de wereld, afgestemd op de stille delen van ons bewustzijn. We herwinnen ons vermogen om verrast en verward te zijn, heilig ontzag te koesteren voor de wereld. 'De inlaatkleppen van de ziel staan open,' zoals Anne Carson schreef. Het ondergrondse heeft de vorm van de vroegste dromen van onze voorouders en opent voor ons een wereld die aan kennis en geheugen voorafging – het brengt ons terug naar de 'wortel van de wortel, de knop van de knop', in de woorden van E.E. Cummings.

Het ondergrondse leert ons respect te hebben voor het mysterie. We leven in een wereld die geobsedeerd is door verlichting, waar we onze schijnwerpers op elk geheim richten, proberen elke vouw en plooi te onthullen en ook de laatste sporen van de duisternis te verdrijven, alsof het een soort ongedierte is. Door onze band met de onderaardse ruimte zwakken we ons wantrouwen jegens het onbekende af en begrijpen we dat niet alles altijd onthuld hoeft te worden. Het ondergrondse helpt ons te accepteren dat er immer lacunes en blinde vlekken zullen zijn. Het drukt ons met de neus op het feit dat we wanordelijke, irrationele schepselen zijn, gevoelig voor magisch denken, voor grenzeloze dromen en momenten van verdwaald zijn, en dat juist dat onze grootste geschenken zijn. De ondergrond houdt ons voor wat onze voorvaderen altijd al wisten, dat er een eeuwige kracht en schoonheid schuilt in het onuitgesprokene en ongeziene.

Ik ging niet als pelgrim naar het ondergrondse. Ik was niet op een mystieke missie en had niet het doel om heilige wijsheid terug te vinden. Maar terwijl ik in het donker rondstommelde, voelde ik hoe de wereld om me heen van vorm veranderde en zich buigend en meegevend ontvouwde als een reusachtige origamisculptuur. Ik ging inzien dat de werkelijkheid meer lege dan volle ruimte bevatte. De concrete oppervlakken die we in het dagelijkse leven zien en aanraken vormen slechts één van de vele lagen, waarvan alle andere verhuld zijn. Ik ervoer de hele wereld zoals Steve Duncan in New York ooit beschreef: een reusachtig trillend en veranderend organisme waarvan wij niets meer dan een glimp kunnen zien. Elk landschap ging als een geesteslandschap aanvoelen, wemelend van levensvormen en mogelijkheden die zich aan onze waarneming onttrekken. Het ondergrondse hielp me de sporen van het onuitsprekelijke in de wereld te onderkennen en leerde me vrede te hebben met de schaduwen om ons heen en gedachten te koesteren die het midden houden tussen het empirische en het visionaire. Het leerde me om niet terug te schrikken voor het heilige maar me ernaartoe te wenden en er oog in oog mee te staan. Ik ontmoette God niet als een bulderende stem uit de wolken, maar vond hem in de omhelzing van het verborgene, een erkenning van zekere donkere diepten waarvan we de kracht altijd zullen voelen, ook al zullen ze misschien nooit zichtbaar zijn.

Als ik me nu door de wereld beweeg, voel ik de aanwezigheid van de ruimten onder mij en besef ik weer hoeveel van ons bestaan in mysterie gehuld blijft, hoeveel van de werkelijkheid ons blijft ontgaan, hoeveel dieper onze wereld is dan onze kennis reikt. En dag aan dag is er niets dat me zo opgewekt, zo hoopvol en zo dankbaar maakt. De priester en ecoloog Thomas Berry schreef ooit dat we in onze tocht door het leven op zoek naar waarheid en betekenis 'zijn als een muzikant die diep in zijn bewustzijn een vage melodie hoort, maar nooit duidelijk genoeg om hem na te kunnen spelen'. In de onderaardse duisternis leerde ik naar die vage melodie te luisteren en maakte ik kennis met de talloze en prachtige manieren waarop die nooit gespeeld kan worden.

Dankbetuigingen

Als Dante afdaalt in de onderwereld en van de ene ring naar de andere gaat tot hij de ijzige oevers van het meer Cocytus bereikt, wordt hij begeleid door de dichter Vergilius, zonder wie de reis niet mogelijk zou zijn. In de jaren dat ik onderzoek deed en dit boek schreef, had ik het geluk om een heel legioen Vergiliussen te ontmoeten: mensen die me door vreemde landschappen gidsten, laat op de avond moed inspraken, warrige kladversies lazen en grote en kleine bronnen van inspiratie leverden. Zonder hen zou dit boek er niet zijn.

Dank je wel aan alle onderzoekers, wetenschappers en kunstenaars die de tijd namen om me onder de grond mee te nemen, vaak naar ruimten die heilig, beperkt toegankelijk of anderszins gevoelig waren. Otter wees me op de tunnel die uiteindelijk de loop van mijn leven zou veranderen. Steve Duncan was mijn ondergrondse sensei in New York. Hij droeg ook veel schitterende foto's van stedelijke onderwerelden aan, waarvan er nog veel meer te zien zijn op undercity.org. Russell was altijd te porren voor een nachtelijke tunneltocht. Dank je, Gilles Thomas, dat je me liet kennismaken met de Parijse catacomben en zelfs een keer een onderaardse rookbom wist af te weren. Luca Cuttita leerde me geduldig hoe ik een afdaler moest gebruiken. De fijne mensen van SURF en Life Underground waakten in de diepten over mijn veiligheid. Sina Bear Eagle was vrijgevig met haar tijd in de Black Hills. Bijzonder dankbaar ben ik Colin Hamlett en zijn familie, die hun geschiedenis met me deelden en me kangoeroestoofpot voerden. Chris Nicola introduceerde me her en der en duldde mijn vele vragen over duisternis. Maria Alejandra Perez hielp me de grillige psyche van grotonderzoekers te begrijpen. Hartelijk bedankt, Robert Bégouën, dat je me naar de bizons hebt geleid. De vele REVS-adepten gaven me in de hele stad hints en kruimels informatie. Mijn dank aan Humberto, die herinneringen met me ophaalde. En dank aan Holley Moyes, die me de magie van de donkere zone hielp begrijpen.

Verder ben ik dank verschuldigd aan de volgende mensen, die telefoontjes beantwoordden, vragen afhandelden, me introduceerden, wijsheid deelden, slaapbanken aanboden of op andere manieren steun gaven: Craig Hall, Tiki Hall, Walter Tschinkel, Raina Savage, Philip Jones, Vicky Winton, Rachel Popelka-Filcoff, Ric Davies, Paul Taçon, Andreas Pastoors, Jean Clottes, Margaret Conkey, Megan Biesele, Eugenia Manzella, Moses Gates, Jazz Mandela, Liz Rush, Chris Moffett, Penelope Boston, Jan Amend, Caitlin Casar, Brittany Kruger, Duane Moser, Tom Regan, la Société française de photographie, Hatchet, Lazar, Cat, Séléna McMahan, Guillermo de Anda, Carolyn Boyd, Derek Ford, Katie Parla, 'Il Papa del Sottosuolo', Henry Chalfant, Yulia Ustinova, Adriano Morabito, Emma Vaiserfirov, Moscowhite, Boris, Roman, John Longino, Berliner Unterwelten, Michel Siffre, Christian Rognant, Joshua Horowitz, Stephan Kempe, E.J. Albright, Christian Marmorstein, Jennie Schueler, Gus Jacobs, Tom en Fran Jacobs, Lina Misitzis, Natalie Reyes, Taylor Sperry, Rachel Yoder, Deke Weaver, Zhivago Duncan, Caro Clark en Siera Dissmore.

In de wereld van de schrijverij wil ik mijn agent Stuart Krichevsky bedanken, die mij onder zijn hoede nam nadat hij mijn naam tussen haakjes in een krantenartikel genoemd had gezien en die me sindsdien terzijde is blijven staan. Ik dank hem voor zijn onwrikbare geloof in dit project, en voor zijn onvergelijkelijke welwillendheid en diplomatie die talloze hobbels op de lange weg hebben gladgestreken. Dank ook aan Ross Harris, Laura Usselman en iedereen die bij SK Agency achter de schermen geholpen heeft. Ik sta bij heel veel mensen van Random House in het krijt, vooral bij Julie Grau, die dit boek op de rit kreeg. Grote waardering heb ik voor het werk van Annie Chagnot, Mengfei Chen en het hele productie- en ontwerpteam, dat dit boek geduldig over de finish tilde. Jenny Pouech nam de ontzagwekkende taak op zich om de publicatietoestemming voor de vele foto's in het boek te verkrijgen. Samantha Weinberg, Tasha Eichenseher en Deirdre Foley-Mendelssohn redigeerden alle drie delen van dit boek voor respectievelijk *Intelligent Life*, *Discover* en de *Paris Review Daily*.

Dit boek zou een chaotische puinhoop zijn geworden als er niet een hechte kring van schrijvers, vrienden en mentoren was geweest die van nabij en veraf redactionele ondersteuning van een heroïsch niveau leverde, alsmede emotionele ondersteuning en een welwillendheid van kosmische proporties. Dank aan degenen die me leerden zinnen te formuleren, vooral Catherine Reed, Stacie Cassarino, Chris Shaw, Suketu Mehta, Rob Boynton, Katie Roiphe en Ted Conover. Mijn medesamenzweerder Matt Wolfe heeft meer dodelijk slechte versies gelezen dan iemand verdient, en hij reageerde altijd met geduld, wijsheid en scherpzinnigheid. Rob Moor, Chris Knapp en Elianna Kan gaven delen van het boek de zo noodzakelijke facelifts, vooral nog op het laatste moment. Amelia Schonbek, Nicole Pasulka, Cody Upton, Heather Rogers en Leo Rogers redigeerden, loofden, troostten en kwamen uit woonkamers en keukens in heel Brooklyn opdraven. Liz Flock leverde bemoediging op basis van whiskey. Ellie Ga praatte me door narratieve haken en ogen. Allegra Coryell hield me overeind, waakte over mijn verstand, luisterde naar kladversies en zei het me wanneer ik saai was. Dank je wel.

Het Institute for Public Knowledge van de New York University gaf me ruimhartig toegang tot de bibliotheek en schonk me een plek om het boek af te maken. De MacDowell Colony bood me een plaats in de bossen aan om na te denken; de New York Foundation for the Arts hielp bij de financiering van mijn onderzoek. Dit boek zou er nooit in welke vorm dan ook zijn gekomen zonder de geweldige Thomas J. Watson Foundation, die me op mijn allereerste ondergrondse expedities stuurde en mijn relatie met de wereld openbrak.

Ten slotte een stortvloed aan dank en liefde voor mijn familie. Voor mijn zus en zwager, Caroline en Tyler Ruggles, en mijn neefje Henry Ruggles, die dit boek op een dag ook zal lezen. Voor mijn grootmoeder Carol Hunt en mijn ouders Peter en Betsy Hunt, die me op elke stap van de weg op alle mogelijke manieren steunden. En dank je, Isa, mijn grote wonder.

Verantwoording

Illustraties

p. 14 *Mercurius*, 1954, Giovanni da Bologna/© akg-images
p. 18 Steve Duncan
p. 23 Will Hunt
p. 25 Steve Duncan
p. 26 Tunnel onder Atlantic Avenue, © Bob Diamond
p. 29 Steve Duncan
p. 32 Gustave Doré
p. 37 East Side-spoorwegtunnel in Providence, © Ryan Ademan
p. 39 *Paris et ses environs*, 1878, met toestemming van de Library of Congress
p. 45 Zelfportretten van Félix Nadar/Bibliothèque nationale de France
p. 46 Steve Duncan
p. 49 Steve Duncan
p. 52 *Amoncellement de cranes*, door Félix Nadar, met toestemming van het J. Paul Getty Museum
p. 54 Catacomben van Parijs, door Félix Nadar/Bibliothèque nationale de France
p. 63 Gezicht op tunnelbouw Marseille, circa 1885, door Félix Nadar, met toestemming van het Getty's Open Content Program
p. 65 Riolen van Parijs, door Félix Nadar/Bibliothèque nationale de France
p. 66 Parijse riolen, 1870/Fotolibra
p. 67 Steve Duncan

p. 73 *Desulforudis audaxviator*, met toestemming van Greg Wanger en Gordon Southam

p. 76 Kampement van de Piegan, circa 1900, door Edward S. Curtis, met toestemming van de Library of Congress

p. 82 Olm (*Proteus anguinus*) © Wild Wonders of Europe/Hodalic/Nature Picture Library/Alamy photo

p. 90 Will Hunt

p. 94 Diagram uit de Historia Tolteca-Chichimeca/Bibliothèque nationale de France

p. 96 Chief No Flesh van de Sioux/The Denver Public Library, Western History Collection

p. 104 Mijnwerker brengt offers aan de mijngod El Tío, Cerro Rico Potosí, Bolivia, © Bert de Ruiter/Alamy

p. 105 Okerdelvers van de Aboriginals, circa 1910, W.H. Kretchmar, met toestemming van het Western Australian Museum (DA-3948)

p. 107 Colin Hamlett van Wilgie Mia/Weld Range, © Vanessa Hunter/Newspix

p. 113 Will Hunt

p. 116 Will Hunt

p. 118 Will Hunt

p. 123 Will Hunt

p. 131 Molman van Hackney, © Sarah Lee/Eyevine/Redux

p. 133 Derinkuyu, met toestemming van Yasir999

p. 135 Will Hunt

p. 137 Will Hunt

p. 138 Will Hunt

p. 139 James G. Gehling/Falamy

p. 141 *Atta cephalotes* (bladsnijdersmier), onderaards netwerk van schimmelculturen, © Rune Midtgaard 2009

p. 142 Waterstofbomschuilkelder in achtertuin, met toestemming van de Library of Congress

p. 144 Will Hunt

p. 145 Will Hunt

p. 146 Will Hunt (2x)

p. 147 Brandi Goodlett

p. 150 Mierennestsculptuur, met toestemming van Walter R. Tschinkel; foto van Charles F. Badland, E28

p. 151 Will Hunt

p. 153 *Stenamma alas*-mieren, met toestemming van John T. Longino

p. 158 Steve Duncan
p. 160 Will Hunt
p. 166 *Baumannhöhle*, met toestemming van het Landesarchiv Sachsen-Anhalt, H 66, Nr. 952
p. 168 Joseph Nagel maakt een fakkel vast aan de poten van twee ganzen. Cod. 7854 fol. 83r, tweede afbeelding op tabula 21, met toestemming van de Österreichische Nationalbibliothek, Wenen
p. 169 'Spelunca': *Bulletin et mémoires de la Société de spéléologie*
p. 173 Will Hunt
p. 179 Traditionele mand van de oorspronkelijke Amerikanen met het man-in-de-doolhofmotief, © Sigpoggy/Shutterstock
p. 183 Matthew Litwack
p. 186 Foto © Becki Fuller
p. 188 Foto © Becki Fuller
p. 195 Le Tuc d'Audoubert, met toestemming van Robert Bégouën
p. 198 Ivoren beeldje van bizon, 10 cm, Musée National de Préhistoire
p. 201 Bizonsculpturen in Le Tuc d'Audoubert, met toestemming van Robert Bégouën
p. 215 Michel Siffre
p. 216 *Pythagoras Emerging from the Underworld*, door Salvator Rosa, © Kimbell Art Museum
p. 220 Will Hunt
p. 222 Will Hunt
p. 227 Blinddoeken, Inner Images: Space_2 Wolken_SW, Lichtpunkte © Marietta Schwarz
p. 228 Kalahari-San voeren een trancedans uit, foto B. en R. Clauss voor Kalahari Peoples Fund
p. 238 Will Hunt
p. 241 Grot van Balankanché, © Brendan Bombaci
p. 245 Grot van Balankanché, vanaf de *Throne of the Tiger Priest*, met toestemming van het Middle American Research Institute, Tulane University
p. 250 Ingang van Actun Tunichil Muknal, © Jad Davenport/National Geographic Creative/Alamy Stock Photo
p. 253 De Kristallen Maagd in Actun Tunichil Muknal/Jad Davenport/National Geographic Creative/Alamy Stock Photo
p. 254 Holley Moyes
p. 264-265 Foto met toestemming van José Humberto Gómez Rodríguez, uit 'The Treasure of the Toltecs,' *Argosy*, april 1961, blz. 28-33

Citaten

p. 12 Dante Alighieri, *De goddelijke komedie*, Amsterdam: Athenaeum-Polak & Van Gennep, 2000. 'Hel', canto 4: 10-12, blz. 29. Vert. Ike Cialona en Peter Verstegen

p. 39 Dante Alighieri, *De goddelijke komedie*, Amsterdam: Athenaeum-Polak & Van Gennep, 2000. 'Hel', canto 31: 19-21, blz. 171. Vert. Ike Cialona en Peter Verstegen

p. 141 Nieuwe Bijbelvertaling, Jesaja 2:19

p. 175 Dante Alighieri, *De goddelijke komedie*, Amsterdam: Athenaeum-Polak & Van Gennep, 2000. 'Proloog', canto 1: 1-3. Vert. Ike Cialona en Peter Verstegen

p. 204 Nieuwe Bijbelvertaling, 1 Koningen 8:12

p. 232 Nieuwe Bijbelvertaling, Exodus 33:18-23

p. 238 *Het Gilgamesj Epos*, Brussel/Den Haag: Manteau, 1958, 'Negende zang', 48-49, blz. 73. Vert. F.M.Th. de Liagre Böhl

p.269 Annie Dillard, *Pelgrim langs Tinker Creek*, Amsterdam: Atlas Contact, 2019. Vert. Henny Corver